男と女の上質図鑑

松浦弥太郎
伊藤まさこ

PHP

写真撮影　平野太呂
アートディレクション　白石良一
デザイン　坂本梓、関秋奈（白石デザイン・オフィス）
撮影協力　森岡書店、えんがわinn
製版　千布宗治、冨永志津（凸版印刷）

はじめに

ものを見るとは、そのものの中から、かくれたものを引き出すことであるとつくづく思う。それが上質であればあるほど、様々とかくれたものが多いと思う。上質なものとはどういうものか。そのことについてやっとこのように僕は気がついた。

かくれたものはすぐに見つかるとは限らない。上質なものほど、見つけるには時間がかかる。ひとつ見つかり、少し経って、またひとつ見つかり、だいぶ経ってから、さらにひとつ見つかるというように。もうこれでかくれたものすべてを見つけただろうと思っても、ひとつふたつみっつと見つかる。結局上質なものとは、そうやっていつまでも自分にうれしさやしあわせを与え続けてくれるものなのだ。

僕はここに挙げたものたちとそんなふうに暮らしている。

松浦弥太郎

いつでも心地よくいたい。では自分にとって何が心地いいんだろう？　と考えると、自分と自分のまわりを美しく整えるということにつきる。

服や靴、髪型など、まずは自分の身だしなみを整えることからそれは始まる。暮らすうえでの必需品、石けんや化粧品、家具や器、文房具選びだって重要だ。ひとつひとつ吟味しながら揃えたものに囲まれていると、それだけで満ち足りた気持ちになる。どれも「上質」と呼ぶにふさわしいものばかりだ。値段の大小をいっているのではない。きちんとした材料と方法で、ていねいに作られたものは、身につけて、または使っていて安心する。この本では私が時間をかけて選んできた本当によいと思うものを紹介している。あなたの上質な時間作りのお手伝いができたらこんなにうれしいことはない。

伊藤まさこ

目次

大人のおしゃれ

テーブルを豊かに

気分よく暮らす

＊青…松浦弥太郎　赤…伊藤まさこ

大人のおしゃれ

おしゃれの基本は清潔であること、
これが二人の共通認識。
そして身につけるものの肌ざわりのよさを
とても大切にしています。
身だしなみを整えることは、
自分と人への思いやりでもあるのですね。

右・伊藤　左・松浦

1

肩かけを許せるバッグ

セリーヌのカバ

肩かけできるバッグはとても便利で、使いはじめると他のバッグが使えなくなる。しかし、着こなしに気をつけないといけない。ジャケットスタイルのとき、肩にかけたバッグのストラップで、肩が着くずれてしまう。スーツを着て、バッグを肩にかけるなんてもっての外だ。大人はカジュアルであろうと、男女ともにできればバッグは手持ちがいい。

セリーヌのカバに限っては、大人が肩にかけて使うことを許せる優美さがある。ストラップの長さやバッグの大きさのバランスがとてもいい。ビジネス向きではないが、休日や旅行での使用にはいいだろう。もちろん、手に持ってもいいバッグである。

トートバッグはレザーを選びたい。

2

手ぶらで歩こう

セリーヌのトリオ

できれば荷物は少なく、軽やかにいきたい。本当は男の人のように、ポケットに最低限必要なものだけを入れて手ぶらで歩けたらどんなにいいかと思っている。

そんな思いから行き着いたのがこのセリーヌのトリオだ。

柔らかな羊の革は体にしっとりと馴染み、持っていることを忘れる軽さだ。デニムにシャツなどのカジュアルなコーディネートから、ジャケットやワンピースなど、少しシックなコーディネートまで、幅広く合わせることができて、とても重宝している。何より上品。ハイブランドの素晴らしさをしみじみと実感している。

いつも、斜めがけにして手ぶらで歩く。このバッグのおかげで、歩くのが楽しくなった。

シャツは普段から、箱に収納する。

3

シャツは白

フライのシャツ

人と会うとき。おいしい料理をいただくとき。仕事に集中したいとき。そんなときは白いシャツを着る。

フライのシャツは、上質な布地だけでなく、縫製やカッティングが素晴らしい。袖を通すと、そのまばゆい白が魔法のように心を新たにしてくれる。

ネックにサイズを合わせると、既成品だと肩幅や身幅が大きすぎる。だから仕方なくオーダーで作っている。少しばかり贅沢であるが、からだのサイズにぴったりと合ったシャツの心地よさといったらない。ストレスなく動けるからか、からだが楽で、疲れを感じることも少なくなった。しかしシャツは消耗品である。二年に一度くらいだろうか、新品と交換する。

4

春風のようなシャツ

マーガレット・ハウエルのアイリッシュリネンシャツ

春が近づいてくると、白いシャツが欲しくなる。だからここ数年、二月の終わりに白いシャツを調達しに行くのが恒例になっている。

向かう先はマーガレット・ハウエル。イギリスのデザイナーだが、日本での人気は絶大で店舗がいくつもある。シンプルかつナチュラルの代名詞のような存在のブランドである。

数年前に見つけたのが、このアイリッシュリネンのシャツだ。コットンとの違いは一目瞭然で、触り心地はさらり、そしてしなやか。カジュアルなコットンのシャツに比べると、こちらはシルクのスカートやパールのネックレスとも相性がよい。何より驚くのはその着心地で、着ていることを忘れてしまうかのような軽やかさだ。

まるで春風をまとっているような気分になる。

MARGARET
HOWELL
II
Irish
Linen

5

アイロンをかける喜び

エルメスのコットンハンカチ

アイロンかけが好きだ。アイロン台を組み立てて、きれいなあて布を用意し、アイロンにスティーム用の水を入れる。窓を開け放って部屋に風を通す。さわやかな日当たりの中、カーテンが風に揺れている。

シャツは洗いたてを三枚。パンツは穿いたものの膝と腰まわりのシワを取る。ジャケットはハンガーにかけたまま、袖や背中にスティームをあてる。ハンカチにアイロンをかける。エルメスのハンカチは、アイロンをかけると気持ちよくシワが伸び、惚れ惚れするくらいに仕上がる。同時に心までぴしっと整えられる。この感覚が自分の日々をどんなに支えてくれているのだろうかと思う。

照れずにいいたい。自分の手でアイロンをかけたエルメスのハンカチくらい愛《いと》おしいものはない。

手縫いの風合いが美しく、
使えば使うほど愛着が増す。

スワトウのハンカチは、日常で使うというよりは着物を着たときやおしゃれをしたときに持つ、とっておきの存在だ。バッグに入っているだけでうれしい。そしてさりげなく使ったときに「あら、素敵ね」なんて、気づいてくれる人がいるともっとうれしい。

6

大人の女の身だしなみ

スワトウのハンカチ

高峰秀子さんのエッセイの中で、見知った女優と立ち話をしていたら、その相手が「ちょっと失礼」といっておもむろにコンパクトを取り出し化粧直しを始めたという話が出てくる。しかし使われたパフは薄汚れていて、汚れたパフのかげに何やら荒れた生活がチラリとのぞいてひどくもの哀しく見えた……と続く。

どんなに美しく着飾っていても、どんなにきれいに化粧をしようとも、コンパクトから取り出したパフが汚れていたら、台無しだ。暮らしぶりや、その人の品性が疑われてもそれはしょうがないことだと思う。

ハンカチはいつでも美しいものを持っていたい。清潔できちんとアイロンがかけられ、そして優美なものを。

7

手を振って歩きたい

デンツのレザーグローブ

ポケットに手を入れて歩かない。寒かろうと文句をいわず我慢する。真冬だろうと背筋を伸ばして手を振って歩くのがよい。けれども、あったかい手袋があれば、そんな我慢も和らぐ。

デンツのレザーグローブは、内側がカシミヤで誂《あつら》えてあり、贅沢すぎるくらいあったかい。カシミヤはイギリスのジョンストンズ製を使用している。レザーはやわらかなペッカリー。サイズも豊富なので心地よくフィットする。レザーグローブは自分の手にぴったり合ったサイズを選ばないと見た目が悪い。少し小さいくらいを選べば、後々伸びたときにちょうどよくなる。

カラーは、黒とＣＯＲＫ（イエロー）を、その日の装いに合わせて選んでいる。

つけた瞬間、手に馴染む。
暖かいばかりか、おしゃれの
仕上げにもなってくれる。

8

しなやかに手を包みこむ

メゾン・ファーブルの手袋

一九二四年、ミヨー橋で有名な南フランスのミヨーで生まれた老舗レザーグローブメーカー、メゾン・ファーブル。一対の手袋は必ず同じ革からカットしたものを使い、手作業もしくはイギリス式のステッチが可能な古いミシンで縫われるのだという。パリのパレロワイヤルに直営店があるが、最近では日本のセレクトショップでも見かけるようになってきた。

外側はしなやかな羊の革、内側にはとろけるようなカシミヤが、凍えるような冬の寒さから手を守ってくれる。日中、暖かくなってきてもポケットの中で邪魔にならない軽やかさも魅力のひとつだ。私が選んだのは好みのグレー。でも次の冬は、レオパード柄などの思い切ったデザインに挑戦してみたいと思う。

9

プレゼントに耳をあてる

パテック フィリップとロレックス

ロレックスのエクスプローラーは、「暮しの手帖」編集長に就任し、五年目のお祝いに。パテック フィリップのアクアノートは、それから三年後に家族から贈られた腕時計である。何はともあれ、元気に働いてくれてありがとう、という家族からのプレゼントである。決して安いものではない。どのようにして工面して買ったのかわからないが、毎日腕にはめて時間を見るたびに励ましてもらっている。

ロレックスもパテック フィリップも機械式ムーブメントである。よって秒針の動きにそれぞれの個性がある。ロレックスはとても優等生。パテック フィリップはアーティスティックだ。

眠れない夜、ムーブメントに耳を当てて音を聞くことがある。世界最高品質の精密機械の音にうっとりする。

ちょうど長針と短針が重なったとき、
シンプルさが際立つ好きな瞬間である。

厳しい品質基準で選び抜かれた
パールならではの上品な光沢。
大切にしていつか
娘に譲りたいと思っている。

10

一生のつき合い

ミキモトのパールのネックレス

パールのジュエリーはいつもミキモトの銀座本店で買うことにしている。美しさや品質の確かさはもとより、接客が素晴らしい。いつでも折り目正しく、知識と経験で最高の助言をしてくれる。訪れるたびに、こちらの背筋までシャンと伸びる思いだ。アフターケアもしっかりしているので、買ったらそれでおしまいではなく、そこからミキモトのパールとのつき合いが始まる。それがなんとも素敵だなと思っている。

あるとき、勧められてこの一二〇センチのネックレスを試着した。シンプルに一連で、くるりと結んでカジュアルに、三連にしてゴージャスな雰囲気に……と、ひとつのネックレスで様々な表情が作れる。買うまでに三カ月ほど悩んだが、今ではどうしてもっと早く買わなかったんだろうと後悔するほど私のおしゃれに欠かせないものになっている。

11 からだによい靴

オールデンのプレーントゥ

二十歳の頃、年上の友人が履いていたオールデンのプレーントゥを見て、いつか自分も履けるようになりたいと思った。コードヴァンという馬のお尻の革のことを知ったのもその頃だ。ドレープのように美しい履きジワと、鏡のような磨き上がりに心底憧れた。

オールデンのプレーントゥを履きはじめていつしか二十年経った。もちろんコードヴァンだ。色は黒とバーガンディ。ラストはバリーラストとモディファイドラストの両方を揃えている。アメリカンクラシックなコーディネートのときはバリーラスト。ドレスアップしたときはモディファイドラストと使い分けている。

オールデンの最大の魅力はフィット感である。歩きやすく、靴ずれや窮屈な思いを一度もしたことがない靴である。

コードヴァンのブラック。
モディファイドラストの一足。

ヒールの内側も赤。歩くたびに見え隠れして、
それがなんとも色っぽい。

12

素敵な恋人

クリスチャン ルブタンのハイヒール

クリスチャン ルブタンの靴を履くとき、コーディネートの主役は靴になる。この靴が履きたいから、それに合う服を選ぶ。履くときは少し緊張する。足の手入れはゆきとどいているか。靴と服がちぐはぐではないか。きちんと歩けているだろうか。

ここまで私を振りまわす靴は他にない。まるで恋をしているみたいだ。けれどもこの恋人はけしてわがままではない。華奢な見かけのわりに、足をしっかり支えてくれる。履き心地は申し分ない。前から見ても、後ろから見ても、はたまた横顔も、どこから見ても美しいと思う靴である。極めつきはソールの色だ。ときおり街でルブタンの証ともいえる赤いソールのハイヒールを履いた女性に出会う。この人もルブタンの靴に恋をしているに違いないと思うと親近感が湧く。

13

文句なしのコート

マッシモ　ピオンボのコート

冬のコートは、軽くて、あたたかくて、肌ざわりがよく、形はクラシックで、丈夫な仕立てがいい。もちろんからだのサイズにぴったり合わなくてはいけない。そんなふうにこだわるから、好みに合うコートになかなか出合えない。話は飛ぶが、ダウンジャケットというものがどうも好きになれない。都会に暮らしている限り、零下に耐えられる服なんて僕にはいらない。

マッシモ　ピオンボのウールコートは、今のところ二重丸で気に入っている。デザイナーのピオンボ氏は、イタリアの最高級生地の元締めらしき存在。そんな氏が作る冬のコートである。

くやしいくらいに文句のつけようがないコートだ。

品のよいモスグリーンと
ブラウンのチェック柄が
気に入っている。

14

憧れを自分のものに

バーバリーのトレンチコート

いつかはと憧れていたバーバリーのトレンチコート。冬のロンドン、リージェントストリートのバーバリーを訪れたとき、折しもボクシング・デー（冬のセール）の初日。残念ながら好みのコートを落ちついてじっくり選ぶことはかなわなかった。日本に帰ってきて、すぐに表参道のバーバリーを訪れた。トレンチコートへの思いは消えることがなかったのだ。何着か試着をし、体にぴったり合ったコートが見つかったときのうれしさは忘れられない。

袖丈の直しが仕上がったその日から、春先にかけてほぼ毎日着て出かけた。今日はボタンを外してみようか。ベルトはポケットの中に入れてみようか、それとも後ろで結んでみようか。そんなふうに毎日過ごすうちに、憧れの存在だったこのコートが次第に自分のものに近づいてきた。

15

身だしなみはベルトでわかる

エッティンガーのベルト

たかがベルトされどベルトである。

特にスーツスタイルの際、どんなによいものを着ていたとしても、こすれて色が剝げていたりする、古くなったベルトは着こなしを台無しにする。古くなったベルトは惜しまずに新しいものに取り替えたい。ベルトは消耗品である。一年に一度、黒と茶それぞれを新調する。

ベルトは、イギリス製を選ぶ。いくつかのメーカーをあれこれ使ってみたが、エッティンガーのベルトが一番よい。無骨でクラシカルなデザインが多い中、エッティンガーのベルトは品質もよく、エレガントで奥ゆかしさがある。

ベルトと靴の色を合わせることがルールであるように、どちらも身だしなみとして清潔であることを守りたい。

ETTINGER
LONDON

お釣りで小銭をもらうと、その日のうちに貯金箱に入れる。
きっとこの小銭貯金で次のお財布が買えるに違いないと
ウキウキしながら、重くなった貯金箱を振る。

16

大人のたしなみ

ボッテガ・ヴェネタの財布

年の初めに新しい財布に変える、という知人がいる。毎日使うものだし、お金が出入りするところなのだから、それくらいは大人のたしなみなのだとその人はいった。なるほどと感心し、以来、私も実践している。

ボッテガ・ヴェネタの財布はこれが二代目になる。初代は茶色の柔らかい革を手作業でていねいに編みこんだ、いかにもこのブランドらしいデザインのものだった。気に入っていたので同じものをと店に入ったときに目についたのがこのネイビーの財布だ。革の染めに微妙なニュアンスがあり、それがなんともいい味わいを出している。

この薄さも魅力のひとつだ。小銭が少ししか入らないので最初は困ったが、入らないなら持たなければいいと、お札と、クレジットカードとICカードで過ごしている。おかげで心まで軽やかになった。

17

肌着は半年に一度、新調する

シーサーの肌着

男を見分けたければ、指先と手がいつもきれいに手入れされているか、そして、どんな肌着を身につけているかを知れば一目瞭然だろう。いい男は、いちばん目に付くところと、いちばん見えないところの気遣いがきちんとしている。

半年に一度、肌着はすべて新調する。色は白で同じものを六枚揃える。ドイツのシーサーという老舗メーカーが気に入っている。

それなりの出費であるが、いつも新しい下着を身につける気持ちよさを考えればなんてことない。

1950年代のリバイバルライン。箱のイラストも素敵である。

ジョン・パトリックのスリップは素材へのこだわりはもちろん、
ファッション性も高いところが魅力。
着ていて心地いいばかりか、華やいだ気分にもなれる。

18

見えないところほど気を遣いたい

ジョン・パトリックのスリップ

昔、バレリーナの卵を追うドキュメンタリーをテレビで観た。まだ仕事もあまりなく、屋根裏部屋のような窮屈な部屋で暮らし、やがて花開くそのときを夢見ながら日々レッスンに向かう。その彼女の食事の風景に目が釘付けになった。スープとパン、グラスには多分、水。食後はひとかけらのチーズ……そんな約《つま》しい光景だったのだが、きちんとテーブルクロスを敷き、美しく盛りつけ、まるで一流のレストランにいるかのような身のこなしで食事をしていたのだ。「ひとりのときこそ、きちんとする」その姿は、気高くて美しかった。

見られていないときこそ気を遣う、という彼女の生き方は、遠く及ばないが私の指針となっている。見えない下着こそ、よいものを。それは心の豊かさにもつながるものだと私は思う。

19

雨の日はウエストンのゴルフ

ジェイエムウエストンのゴルフ

仕事で訪れたパリは連日の雨だった。

毎日、仕事の合間に古書店めぐりをし、道に迷ったり、足が疲れたらカフェで休んだ。雨で冷えたからだをあたためようとカフェオレを飲んでいると、ふと、いつかパリに行ったらジェイエムウエストンで靴を買おうと夢見ていたことを思い出した。若い頃、ファッション雑誌に載っていた「雨が降ったらウエストンのゴルフ」というコピーを読んで、なんてかっこいいんだと憧れた。そして、パリの伊達《だて》男は雨の日にレインブーツを履くのではなく、エレガントなジェイエムウエストンのゴルフというゴム底の靴を履くと知った。

ジェイエムウエストンの店は凱旋門の近くにあった。片言のフランス語を使いゴルフを買った。店を出ると雨はすっかり止んでいた。

傘嫌いの私がこれだったらと惚れこんだのが
この折りたたみ傘。
やや重いが、重くてもしっかりした作りのほうがだんぜん信頼できる。
柄の堂々とした姿も好きだ。

20

質実剛健さがいい

トラディショナル ウェザーウェアの折りたたみ傘

傘をさすのが嫌いだ。

雨が降っているときならまだ我慢できるが、止んでしまったら邪魔でしょうがない。だからなるべく傘を持たないで生きてきた。

小雨だったら気にせず歩く。ずぶ濡れになりそうなくらいの大雨だったら雨宿りする。だれかの家の軒先を借りることもあるし、目についた喫茶店に入ることもある。

いつだったか傘をささずに信号待ちをしていたら、渡るまでどうぞお入りくださいといって入れてくれた人がいた。これが男性なら恋が生まれる瞬間かもしれないが、残念ながら同年代の女性だった。ほんの三〇秒ほどの時間だったが、心遣いをありがたく思った。傘もいいものだな、と思ったのはきっとその人のおかげだと思う。

21

同じ階級で揃える

フォックス・アンブレラの傘

アンティークであったり、様々な国のものであったりと、和洋いろいろなテイストのものが混ざっていても、センスよく調和させるコツがある。それは同じランクで統一させることである。ランクとは階級である。衣食住のコーディネートにおいて、階級を揃えることはとても大事なことだと心得たい。

たとえば、イギリス製のフォックス・アンブレラの傘からコーディネートを考える。ジャケット、シャツ、バッグ、パンツ、靴と同じ階級のもので揃えてみる。なるほど、上質な調和が生まれる。

ちなみにイギリス製の傘を持つなら知っておきたいことがある。美しい傘の巻き方である。イギリスにおいて傘はステッキと同じ用途を求められる。そのために皆、傘の美しい巻き方を訓練するのだ。

1年の生産量はおよそ15000本。
生地の裁断や縫製、メタルフレームの組み立てなど
すべての工程が熟練した職人のハンドメイドによる。

22

女のダンディズム

フォックス・アンブレラの日傘

傘をさすのは嫌いだが、日傘をさすのは好きである。

この矛盾をうまく説明することはできないが、おそらく紫外線から身を守るためとか、そういう実用的な理由よりも、日傘をさして出かけるという優雅な行為に惹かれているのだと思う。傘だとあんなに邪魔だと思うのに日傘だとまるで気にならない。

「それは女のダンディズムですね」という人がいたが、その通り！　と膝を打った。女にだってかっこつけたいときがある。

何本か持つ日傘の中で、一番美しいと思っているのが、このフォックス・アンブレラの日傘だ。創業は一八六八年。「傘の元祖」として現代に残るブランドだ。生地のレースの美しさはいわずもがなだが、竹の持ち手やタッセルにも心を奪われる。

23

髪は二週間に一度切る

理容店には二週間に一度行く。人前に出る用事があるときはその前日に行くから、数えるとひと月に三度、四度行くときもある。理容とは、容姿を整えることであり、ちなみに「理」はあらたまを磨くことを意味する。

銀座の米倉に通うようになって五年が経つ。髪型は米倉さんが決めてくれた。最初の頃はその都度、微妙に髪型が違っていた。米倉さんはきっと僕に似合う髪型を試していたのだと思う。一年通った頃から細部にわたって自分の髪型というのができ上がった。

酒も博打も夜遊びもしないつまらない自分であるが、二週間に一度米倉に行き、米倉さんと、音楽や経済、文学などの話をするのが唯一のリフレッシュ法である。

24

身だしなみを整える

ああ、きれいだなと女の私がほれぼれする女性は、総じて身だしなみがきちんとしていて背筋がしゃん、と伸びている。

顔の造作やスタイルよりも、それは女性を美しく見せるものだと思っている。

二〇〇八年に一〇一歳で亡くなった翻訳家で作家の石井桃子氏は、「子ども相手の仕事の人はまずは明るい色の服を着なくては」といい、週に一度は髪を切って普段から身だしなみに気を遣っていたという。石井さんが凛としながらも、たおやかな雰囲気をまとっていたのは、そうした心配りができる人だったからなのだ。

今は二週間に一度だが、五〇代になったら石井さんを見習って週に一度、美容院に行こうと思っている。

25

夢想するジャケット

エルメスのジャケット

カジュアルなアメリカントラッドなものより、エレガントで上質なコットンシルクを使ったものを探していたがなかなか出合えなかった。しかし、つい先日、エルメスで見つけた。

肩パッドなし、裏地なしのアンコンスタイルで、シルエットはタイトな3ボタン。カジュアルでもビジネスでも使える、コットンシルクのネイビージャケットだ。さすがエルメスだ。

以前「エルメスの家」という展示を見て、その家具の優雅な美しさに感動した。そのとき、エルメスはヨットも作ったことがあると知人が教えてくれた。もちろん家具も素敵だけれど、エルメスが作ったヨットはどんなに素敵なのだろうと夢想する。

そんな夢を胸に抱きながらエルメスのジャケットに袖を通している。

驚くくらいに軽いジャケットである。
太陽の光が当たると
コットンシルクがキラキラと輝く。

26

夏に選ぶ一枚

マルニの白いワンピース

春になると白いシャツが欲しくなるように、夏が近づくと白いワンピースが欲しくなるようだ。どうして「なるようだ」とまるで人ごとのようにいうかというと、自分でまったく自覚していなかったからだ。ある日、衣替えをしていて、ずらりと並ぶそれを見て気づいたのだった。

白いワンピースは特別な日のために、と選ぶ。形は体のラインにやさしく沿うものが多く、だいたいがノースリーブ。ヒールの靴などと合いそうな、クラシカルなデザインを好む。特別な日など、夏の間に一回か二回くらいのものなので、じつはあまり出番はないが、持っているだけでうれしい。このマルニのワンピースもそんな一枚だ。

スカートのドレープが美しく、ウェストのギャザー部分もかわいらしい。乙女心がくすぐられる。

MARNI

27

大人にならないと似合わないものがある

コーギーのコットンソックス

身の回りにあるものは、イタリア製かイギリス製のものが多い。若い頃はアメリカ製を探してまわった。アメリカ製のものは身近な本物だったのだ。イタリア製やイギリス製のものは、いかんせん高価だったり、知識がなかったので、とても遠かった。それがいつの間にか、いいものを探すとなるとイタリア製かイギリス製に落ち着くようになった。自分が大人になったといえばそうなのだが、イタリア製やイギリス製のものは成熟した大人でないと似合わないものが多い。アメリカ製のベースボールキャップとイギリス製のハンチングの違いといえばわかりやすいだろうか。ソックスはイギリスのコーギーを選ぶ。白を履いても決して子どもっぽくならないのは、縫製と素材が上質だからだ。子どもには決して似合わない。

色は白、グレー、カーキの3色を選ぶ。
ロゴやロイヤルワラントの見え方もよい。

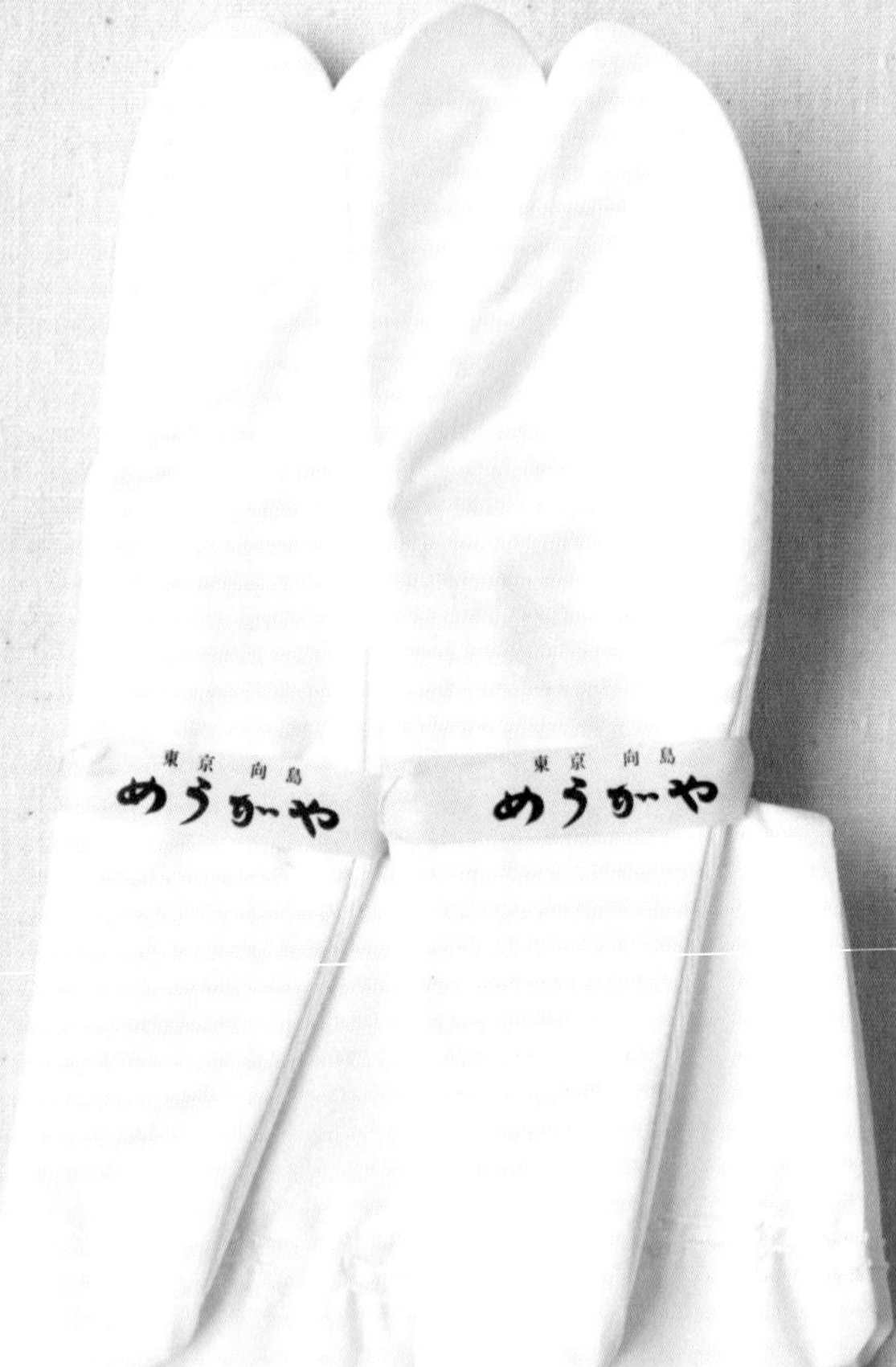

小はぜの部分に「まさこ」の名前入り。
まっ白な足袋は、着物姿を粋に見せてくれる。

28

おしゃれは足元から

向島めうがやの足袋

街で着物姿の女性を見かけると、つい足元に目が行ってしまう。着物や帯の柄でもなく、質でもなく、足元に。

まっ白で自分の足のサイズに合った足袋を履いているだけで、着物の着こなしの半分は成功したも同然だと思う。品と清潔感、そして潔さ。白い木綿の足袋にはそれらがすべて備わっていると思う。おしゃれは足元からとはよくいったものだ。

私は「ここぞ」というときにはいつも新しい足袋をおろして履くことにしている。まっさらな足袋に足を通すたび、この足袋にふさわしい立ち居振る舞いをしようと気持ちを引き締める。そして、一足新しい足袋をおろすたび、一足新しい足袋を買う。向島めうがやの紙の帯がかかった足袋が着物の箪笥に入っているだけで、安心する。

29

冬のニューヨークを歩くために

モンクレール　ガム・ブルーのキルティングジャケット

冬の凍えるように寒い日は、あたたかい部屋でおとなしくしているのが一番だけど、どうしても外出しなければいけない日がある。そんなときはコートのインナーにモンクレール　ガム・ブルーのキルティング・ジャケットを着る。シルエットがタイトで保温性が高く、この格好で一月のニューヨークを丸一日歩きまわり、セントラルパークのベンチで友人としばらく話しこんでも寒さは感じなかった。そういえば、セントラルパークのベンチは、いくらかの寄付金によって、自分の名前やメッセージを刻印したプレートをつけられるという。プレートをよく見ると、このベンチで彼女にプロポーズしたとか、美しい鳥の声を聞くとか、いつもありがとうとか、素敵な言葉が多い。

僕もいつか自分のプレートをベンチにつけたい。

30

着物に羽織る毛布

ジョンストンズのカシミヤ毛布

とろけるような肌ざわりの毛布にくるまって眠ることほど幸せなことはない。冬の寒い夜、ベッドに体を入れてこの毛布にくるまるとき、母グマの温かい胸に顔をうずめて眠る子グマになったような気分になる。

ジョンストンズのカシミヤ毛布は家に何枚かある。色はすべてグレーだが、同じグレーでも色合いが微妙に異なる。使わない季節はクリーニングに出し、仕上がったらきちんと折り畳んでベッドルームのクローゼットの棚に淡い色から順番に重ねて収納し、色合いのグラデーションを楽しむ。毛布なのでサイズは大きいが、じつはストールのように使うこともある。着物を着るときなど、半分にしてから羽織ると帯まですっぽり隠れて暖かい。着物のコートは長年の懸案事項だったが、この毛布のおかげで解決した。自慢の毛布だが、自慢のストールでもある。

Gucci
1953
MADE IN ITALY

31

夏に素足で履きたい靴

グッチのホースビット ローファー

グッチを創設したグッチオ・グッチの経歴が面白い。フィレンツェの麦わら帽子会社の息子として生まれたグッチは、ロンドンで一旗あげようと、蒸気船の乗組員として働きながら、ロンドンに辿り着き、サヴォイ・ホテルの皿洗いとして職を得る。その後、苦労の末、ウエイターにまで昇格し、そのときに、ホテルに訪れる王侯貴族の振る舞いを見ることができた経験が、彼の人生を大きく変えることになった。高級品が人々に与えるよろこびはビジネスになると知り、フィレンツェにて、最高級の革製品のファクトリーとショップをオープンさせた。

一九五三年にグッチが発表した靴が、馬具の金具をモチーフにしたホースビット ローファーである。夏になると、素足で履きたくなる。

32

靴選びの条件

レペットのTストラップシューズ

たとえ世の中の靴の流行が、男っぽくごついものになったとしても、私はその流行に乗ることはけしてないと思う。足元はいつでも女らしく、かわいらしい靴できめたい。

パリのオペラ座近くのレペットには、私の想いがそのまま形になったような靴がずらりと並ぶ。髪をシニヨンにまとめたバレリーナの卵たちに交ざりながら、好みの靴を探す（彼女たちには申し訳ないが、気分だけはバレリーナになって）。最近の気に入りはパテントレザーのTストラップシューズだ。色は赤。七センチのヒールは足を美しく見せてくれる。ネイビーやグレー、黒の服が多い私にとって赤い靴はコーディネートの要ともいえる。白いTシャツにデニムをコーディネートしても、ちゃんと女らしく見せてくれるからうれしい。

33

心を使って編まれたニット

ユリ パークのカシミヤニット

ひと目見て、このニットはいいものだとわかった。

自分が持っているニットの中でいちばんいいと思っていた、スコットランド製のカシミヤニットが見劣りしてしまった。

ユリ パークのカシミヤニット。ミラノの小さな工房に一人のニット職人のおばあさんがいた。そのおばあさんとの出会いからユリ パークは始まったという。工房では、今でも昔ながらの手横編機でニットがていねいに生み出されている。頭ではなく心を使って編まれたニットである。見れば見るほど、触れば触るほど、冬のニットはこれ一枚でいいと思った。

上質とは、技術ではなく、心のあらわれが生んだやさしさなのだ。

毎年少しずつ買い足し、
くたびれてきたと感じたものは普段着にする。
質がよい証拠に虫がつきやすいので
きちんとした管理を心がける。

34

普段からカシミヤを

子どもは正直だなと思ったのは、まだ幼かった娘が、私のカシミヤのストールを手に取り、気持ちよさそうにほっぺたにすりすりしている姿を見たときである。

だんだんと大きくなるにつれ、私のニットやストールを「貸して」といって着たがるので「子どもには贅沢よね」と、ニットデザイナーの知人にいったら「何いってるの。いいものを早く知るのはとても素敵なことよ」と返されて、なるほどなと思ったのだった。

だから我が家では、普段からカシミヤを着る。シンプルな丸首のニットなどは、まるでTシャツのように、着る。着たらていねいに手洗いすればいい。カシミヤを身につけると体が自由になる気がする。

のびのびとすこやかに冬を過ごせるのはカシミヤのおかげだ。

35

スキンケアについて

イソップのスキンケア

ニューヨークに行ったとき、イーストヴィレッジの店でまとめ買いしていたイソップ。今は日本でも買えるようになって助かっている。

朝は目覚まし時計を使わずに五時に起きる。一時間のマラソン（一〇キロ）をして、シャワーを浴びる。髭を剃った後、イソップのポストシェーブローションと化粧水を使っている。

親しい皮膚科の医師に、洗顔と保湿を適度に行うことと、男性でも紫外線ケアはしたほうがいいといわれ、スキンケアを気にするようになった。肌の老化はそのほとんどが紫外線の影響であるらしい。「マラソンのときは必ず日焼け止めを塗るように。顔だけでなく、首、耳の前後、うなじもていねいに塗るように」と注意された。

僕にとってイソップはプレゼントの定番でもある。

Aēsop
Moroccan Neroli
Post-Shave Lotion
Sandalwood • Neroli Blossom • Panthenol
Aēsop
Sage & Zinc Facial Hydrating Cream
www.aesop.com
Aēsop
Moroccan Neroli Shav
Sérum de Rasage au
www.aesop.com
Aēsop
B & Tea Balancing Toner
Toner Equilibrant B & Thé
www.aesop.com

CRÈME JEUNESSE
ET CONFORT DES MAINS
NOURISHING AND REJUVENATING
HAND CREAM
LE VERNIS
CHANEL
CHANEL
CHANEL
CHANEL

36

毎日使うものこそよいものを

シャネルの化粧品

飛行機の出発までの暇つぶしに、化粧品でも見てみようかと軽い気持ちでシャネルに入った。そのときに買ったのが水色のネイルである。足の指に塗ってみてびっくりした。ムラができず、ペディキュアに慣れない私でもきれいに塗れる。水色は私にとって冒険の色だったが、肌の色に馴染み、品もあって、いっぺんで好きになった。

旅の間、何度褒められたことか。道行く人に「どこの？」と聞かれ「シャネルよ」と答えると「やっぱり、さすがね」とうなずく人も多くびっくりした。以来、マニキュアはシャネルと決めていたが、あるとき、旅先で化粧道具いっさいを忘れてきたことに気づいて、この際だからとシャネルでファンデーションやマスカラ、グロスなどを揃えることにした。以来、すっかりシャネルの化粧品のファンである。

37

からだに馴染む服を選ぶこと

ポール・ハーデンのジャケット

自分のからだに馴染んだ洋服は素敵だ。

洋服をからだに馴染ませるには、少なくとも二年は着続けてからの話である。たとえば三年目くらいのあるとき、ふと洋服が自分のからだに吸いつくように纏っていることに気がついたりする。

上質な洋服は着古すとヴィンテージの風格を生む。質の低い洋服はただ古くなるだけだ。一回洗っただけで価値が半減するものも多い。

洋服も家や車と似ているかもしれない。時間が経つほどに価値が上がるものもあるし下がるものもある。買うときにかなり高価であっても、年月と共に価値が上がっていくものを選びたい。

五年以上着ているポール・ハーデン。肌の一部のように馴染んでいる。

コットンリネンのジャケット。
シワを気にせず着られるので、
旅行のときにも大活躍する。

38

ないから、誂える

伊藤組紐店の組紐

着物の道は、遠く果てしなく、憧れはつきない。

無理をする必要はないが、少し背伸びして、ていねいに作られたものをひとつひとつ揃えてゆきたいと思っている。

尊敬する方から帯をプレゼントされた。私の着物姿を見て「あなたに、似合うんじゃないかしら」と。よくよく聞いてみれば、大切にしていた帯を染め直したものだとおっしゃる。うれしくてすぐに締めたくなった。けれども、帯にふさわしい帯締めがない。ないのならば誂《あつら》えればいいじゃないかと、京都の組紐店に帯持参で駆けこんだ。

しばらくして「できました」との一報があった。

色合いも、糸の組み方もひとつひとつ店の方と相談しながら誂えた私だけのオリジナルである。愛着もひとしおだ。

39

ネクタイは地味がいい

ルイジ ボレッリのニットタイ

ネクタイは、無地もしくはレジメンタル・ストライプしか持っていない。色はほとんどがネイビーである。ネクタイは地味でありたいと思っている。その代わりに素材にはこだわりたい。地味だけど、素材は上質というわがままを守りたい。

普段はイタリア・ナポリのネクタイメーカー、ルイジ ボレッリのニットタイを締めることが多い。ルイジ ボレッリのニットタイは他のメーカーのものに比べて、結び目がきれいにでき、ニットの素材感もよく、編み目の詰まり具合がちょうどいい。黒に近いネイビーの濃さも気に入っている。最近ではルイジ ボレッリもネクタイの幅が狭いタイプもあるが、ニットタイの幅はその中間くらいで申し分ない。

旅行の際はルイジ ボレッリのニットタイを一本だけ持っていく。

香水はその日の気分で使い分ける。ただ、
ときには「つけない」という判断も必要。
TPOに合わせて上手につき合っていきたい。

40

春の香り

ゲランのアンソレンス

五月の初め。窓を開けてひんやりとした床にごろりと寝転ぶと、庭から春の匂いが漂ってくる。冬の間、縮こまっていた体が少しずつ少しずつほぐれていく、この季節が好きだ。

銀座のデパートの化粧品売り場を歩いていたら、どこからともなく五月の香りがした。鼻をクンクンさせながら匂いの在処《ありか》に近づいた先にあったのが、このゲランのアンソレンスだ。

バイオレットをふんだんに使い、アイリス、そして隠し味ならぬ隠し香りにベリーが使われているらしい。自然でいながら女性らしい華やぎを持った香りだ。つける人の体温などによって、また時間が経つほどに香りは変化すると聞いて、試してみたくなった。

この香水のおかげで、いつでも春先のうきうきした気分が味わえる。

大人のおしゃれについて

おしゃれの基本は身だしなみ――サイズ感と清潔感が何よりも大切

松浦　伊藤さんはいつも素敵な装いですね。とても品を感じます。

伊藤　松浦さんこそ。私がいつも感心しているのは、松浦さんの服のサイズ感なんです。いつもジャストサイズできちんとされている。

松浦　ありがとうございます。年齢を重ねると、男性は特にラクなほうにいきがちなんですよ。つい大きめのサイズの服を選んでラクをしたくなるというか。そ

うするとどんどん着こなしがゆるくなっていきますよね。子供っぽくなるといってもいい。この年齢になって、いつでもTシャツにジーンズにスニーカーというのは、どうかなと思うんです。

伊藤　私は小柄なので、ぴったり合うサイズの服をみつけるのが難しいんです。でも、肩や袖丈が合っていないと、だらしなくなるというか、美しく見えない。それはいやなので、お直しに出したり、サイズが合うブランドを探して着たりしていますね。

松浦　サイズが合っていれば、それだけできちんと見えるし、気持ちがいい。

伊藤　はい。きちんと見えることはすごく大切だと思います。

松浦　いまは、総じてカジュアルなファッションが流行っているのかもしれないけれど、流行と身だしなみは別です。流行も少しは取り入れたいけれど、大人のおしゃれは流行よりもきちんとした身だしなみ優先ですよ。

伊藤　本当ですね。四〇歳を過ぎてから、身だしなみの大切さを実感しています。着飾ることよりも、きちんと見えることが重要。身だしなみを整えるだけで、人に不快感を与えずにすみますから。それもあって、私は美容院に二週間に一度行くんです。

松浦　僕も床屋は二週間に一度と決めて

います。一、髪、二、姿、三、顔という言葉があって、髪の毛がその人の見た目を決める一番のポイントなんだそうです。

伊藤　それはよくわかります。私も電車の中などで、髪の手入れにもう少し手をかけてあげたら、もっと素敵になるのにと思う人をよく見かけます。髪型や髪の色をその人に合うものにするだけで、全然違うと思うんです。それとやはり髪にかぎらず日頃の手入れも重要。

松浦　髪や肌にはその人のライフスタイルが見えてしまいますからね。接客業の方と話す機会があって、お客様のどの部分を一番見ていますかと聞いたことがあるんですが、「肌を見ています」といっていました。男も女も肌は、その人のランクが出やすいところなんだそうです。それに、短期間では綺麗にできない。

伊藤　えっ、肌？　それはこわいですね。

松浦　彼らは、よいお客様になってくれる人かそうでないかを見極めなければいけないでしょう。それで、見ているところが肌だというんですから、さすがです。洋服や時計はそのときお金があれば買えるけれど、美しい髪や肌は一日二日の手入れでは手に入らない。

伊藤　それは、心しないと。そういえば今回、おしゃれの項目にスキンケアもたくさん紹介しましたね。

松浦　大好きなんですよ。いい香りのする石けんやバスオイル。売り場をのぞいて香りをかがせてもらうのも好き。

伊藤　私はどちらかというと苦手です。だって、緊張しちゃうんですもの。

松浦　女性はかえってそうかもしれないですね。僕は知りたがり屋なんです。

伊藤　使うのは大好きなんですけれど。

松浦　そうですね。それに、上質といっても手が出せないほど高くはない。頑張れば買えるちょっとした贅沢でしょ。

伊藤　そう、それでとてもリラックスできたり、気持ちよくなれることを考えるといいものですよね。

松浦　清潔な髪や肌は自信につながるし、十分なおしゃれだと思いますね。

伊藤　同感です。

テーブルを豊かに

いい食材をていねいに調理すれば、
それだけで料理は十分においしくなるという二人。
あとは、食を楽しむための器やテーブルクロスを
好みのものにすればいい。
この選びに個性が発揮されるのが面白いのです。

左2点·伊藤　右2点·松浦

41

自分のために広げるテーブルクロス

マリメッコのヴィンテージのテーブルクロス

紙と同じように布も一昔前の素材感に魅力を感じる。

マリメッコの古いテーブルクロスを買い集めるようになったのは、「暮しの手帖」の料理撮影のためだ。九年前にリニューアルした頃はまだ予算に余裕がなく、スタイリストを頼むことができなかった。リースという方法もあったが、他誌と重なる可能性もあるし、特に気に入るものもなかった。撮影に使う食器やテーブルクロスは、すべて自分で用意した。今は幸いにも予算が出せるようになり、私物の出番はなくなった。

休日のランチに、大きなテーブルにマリメッコのテーブルクロスを広げることがある。自分のために広げたテーブルクロスで食べる食事は、ささやかな特別が生まれる。ときたま裏返しで使ってみる。柄や色の裏目もマリメッコは美しい。

42

新鮮でいて親密

マリメッコのヴィンテージのテーブルクロス

この布を、テーブルにひらりとかけるだけで世界が一変する。けして大げさではない。それくらい、マリメッコのテキスタイルには力があるということだ。

思い切ったデザインと色使いにはっとさせられることもしばしばだが、はっとした後、しばらくするとすぐに目に馴染み、やがて親密ささえ感じるようになる。北欧の家具や器が多い我が家に相性のよいテキスタイルなのである。

機会があったら、布のはじっこの「耳」に注目していただきたい。デザインされた年と、デザイナーの名前、図案の名前が記されている。その文字のデザインや色合いもまた、心憎いほどしゃれている。

43

対話をし、知り合う

小谷真三のデキャンタ

あなたにとって豊かな生活とは何か。あなたが思う美しい生活とは何か。盛岡の光原社でひと目見たとき、倉敷ガラスの小谷真三さんのデキャンタが、そう問いかけてきた。不思議だなと思う。これだけ世の中にいろいろなものがある中で、こんなふうに問いかけてくるものというのはそう滅多にない。光原社で買い求めた帰り道、なんだか、素敵な人と奇跡の出会いをしたような気分になった。そう、ものというのは人でもある。たとえば、そこにあれば、こちらを向いて、いつもにこにこと微笑んでくれる友だちのような存在とでもいおうか。こんなことも想像してみる。何もない部屋に小谷さんのデキャンタをぽつんとひとつ置く。そこから暮らしに何が必要なのかを考えるのもいいだろう。

小谷さんのデキャンタと仲よくなるものは何かと考えるのだ。

まるで一人の人間が
そこに佇《たたず》んでいるような存在感。
太陽の光が当たるとさらに美しい。

44

よい時間の過ごし方

古伊万里の向付け

散歩の途中、骨董屋に立ち寄った。たまに覗いては、店主とおしゃべりを愉しむ店である。いつものように、たわいもない話をしながら店内を見ていると、棚に並んだ白い器と目が合った。そして目が離せなくなった。

聞けば、店主が長年大切にしてきたものだという。なぜか最近、売る気になって、ついさっきそこに並べたのだそうだ。次の瞬間、「これください」声が勝手に出ていた。

きれいな器だと思う。見た目だけでなくて、存在そのものが。器量のよい顔をしている。江戸時代の中頃に作られたものだそうだが、過ごしてきた時間が、うまい具合に染みこんでいて、佇まいがなんともいえない。いつかこんなおばあちゃんになりたいと思う。

45

茶海《チャーハイ》で使うルーシー・リー　ルーシー・リーのピッチャー

コーヒーは一日に一杯しか飲まない。その代わりにお茶は何杯でも飲む。中国茶が好きで半発酵の青茶と呼ばれる種類のお茶を選ぶ。中国語で青は黒っぽい藍色のことを指す。烏龍茶も青茶のひとつである。中国茶器にチャーハイと呼ぶ器がある。茶壺（急須）から茶を注ぎ入れる、いわばピッチャーのようなものである。チャーハイは湯煎であためておき、そこに茶壺のお茶をすべて出し切ることで均一の濃さのお茶をゆっくりと味わえる。

ある日、ルーシー・リーの手付きピッチャーをチャーハイに使ってみた。大きさといい、使い勝手といい、最適だった。内側の青い釉薬《ゆうやく》がお茶の色と混ざり合いとてもきれいだった。もうひとつ片口風のものがあり、これはハーブティーを淹れるときに使っている。ふたがないので蒸らすことはできないがフレッシュなハーブを使うには便利である。

46

手のひらのような茶碗

内田鋼一の抹茶茶碗

気分がざわついて何も手につかないときはいったん仕事を中断して、水を入れた鉄瓶を火にかける。そして湯が沸くまでじっとそこにいる。やがてシュンシュンいいながらお湯が沸く頃、さっきまでのざわつきは少しおさまっている。

そんなときに飲むのはコーヒーでもなく、お茶でもない。白湯《さゆ》だ。器は抹茶茶碗を使う。沸いた湯を片口に入れて少し冷まし、茶碗に注ぐ。お湯の温もりが茶碗の肌から手に伝わり、白湯が喉を通りすぎると、さっきまでのざわつきがなくなって、なんとも落ちついた気持ちになるから不思議だ。

この茶碗を両手で持ち、口に運ぶたびに、美しい山の水を手で掬《すく》って飲んでいるように錯覚する。

個展で茶碗を選んだとき
「自分のほっぺたみたいな色を選んだな」と
作家にいわれた。
ほんのりうす桃色のその肌合いが
気に入って選んだものだったので、
そういわれてうれしかったが、
きっと彼はいったことを覚えてはいない。

47

デンマークの手仕事

ロイヤル コペンハーゲンのブルーフルーテッド

ブルーフルーテッドの起源は、中国にあるといわれている。一七七五年にデンマークで誕生したロイヤルコペンハーゲン最初の絵柄とも知られている。世界中で数あるブルーフルーテッドの中で、僕はロイヤルコペンハーゲンのブルーフルーテッドが色も柄も一番好きだ。

今、自分が使っている皿が、二〇〇年前から変わらずに作られていると思うと、愛着だけでなく、伝統と歴史から生まれたその美しさに目を奪われる。人の手による筆で描かれた模様がいきいきしている。手仕事のため、一枚一枚違うのも魅力である。

フルレースという、縁がピアッシングされたデザインがある。いつかフルレースの皿を手に入れたいと思っている。

48

優美な刃物

ライオールの肉切りナイフ

フランスのライオール村で作られた肉切りナイフのセットは、母のフランス土産だ。実家にあったナイフを見て、私がひどく羨ましがったことを覚えていてくれたのだった。

なんといっても切れ味にほれぼれする。優美なその姿は眺めているだけでうっとりする。ただ「切る」だけの道具としてはけして収まりきらない、色気を備えたナイフだと思う。私は美しい刃物が大好きなのだ。

その後、フランスを旅したときに、父と母へサラダサーバーを買った。また次のフランス旅行ではチーズナイフをお土産にした。

本当は自分のものにしたかったが、重厚な見かけはまだ若かった私の食卓には不釣り合いだと思ったのだ。いつか私に「すべて譲るわ」と母がいい出す日をじつは心待ちにしている。

49

くらわんか草花紋四寸半皿

くらわんか皿

向田邦子さんの「食らわんか」というエッセイが、骨董好きの僕の心をくすぐって仕方がない。江戸時代、淀川を上下する船に乗る客に、惣菜やご飯を売りに来る小さな舟のことを「くらわんか舟」といった。「くらわんかー、くらわんかー」と声をかけ、買おうといって、船からザルを投げ下ろすと、料理の入った皿小鉢を入れてくれる。食べ終わった皿小鉢は川に投げ捨てる。それをまた売り子は川底から拾って使う。そんな「くらわんか舟」の商売人が使った、落としても割れないような丈夫な焼き物を、くらわんか皿という。骨董好きの向田邦子さんは、くらわんかの手塩皿を愛用していることをエッセイで書いている。

くらわんか皿に、ひじき煮を盛ると、「くらわんかー」という声がどこかから聞こえてきそうで面白い気分になる。

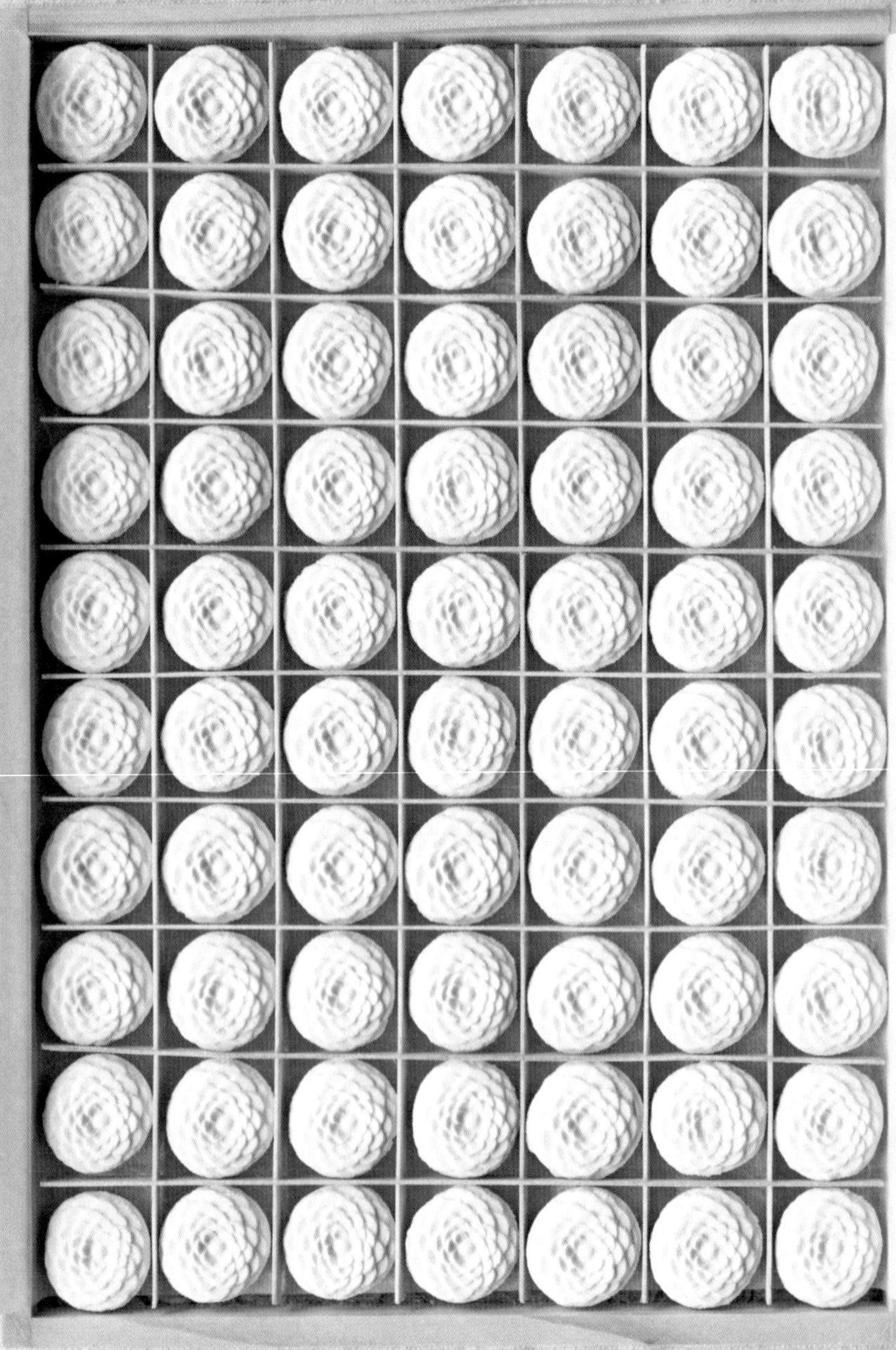

50

白一色の潔さ

鍵善良房の菊寿糖

神保町をぶらぶら歩いていたら『落雁』という本を見つけた。作り方はもちろん、木型や文様、歴史など落雁についてのありとあらゆることが記された貴重な一冊だ。

その中に京都・鍵善良房の名菓、干菓子の菊寿糖が載っていてうれしくなった。およそ一五〇年以上前から変わらず作られているというこの菊型の干菓子を初めて見たとき、京都はすごい街だと思った。こんな美しいものを作り、変わらず守ってきた文化に頭の下がる思いがした。

京都を訪れるたび、ここでくずきりを食べ、帰りに菊寿糖を買う。まずは自分用にひとつ。それからこの前お世話になったあの方へひとつ。蓋を開けた瞬間に現れる、木箱に行儀よく並んだ白い菊の花。見た人は必ず感嘆の声をあげてくれる。その様子を見るのもまた楽しい。

51

花を活けるグラス

バカラのアルクール

バカラのアルクールは、一八四一年にフランス国王ルイ・フィリップ1世よりオーダーを受け誕生し、バカラを代表するグラスになった。六角柱にカットされたシェイプが美しく、重厚でありながらも、手に持ったときの不思議な心地よさが魅力である。

ずいぶん前に、小ぶりの花瓶を探していたときに見つけたのが、バカラのアルクールだった。バカラには美しい花瓶がたくさんある。しかし、何故かこのグラスが一目で気に入ってしまったのだ。一輪挿しには少し高さが足りないけれど、切った花を活けたり、狭い場所に花を飾るには、ちょうどよい花瓶である。

このグラスで飲み物を飲んだことは一度もない。

52

美しい横顔

リーデルのソムリエシリーズ

リーデルのヴィノムというシリーズのワイングラスを普段使いにしている。機能的で高品質だが価格はリーズナブル。機械生産のグラスである。それとは別に、とっておきのワインを飲むためにリーデル家の九代目が考案したソムリエシリーズを自分用に一客ずつ揃えている。こちらはオーストリアのリーデル社に隣接する工房で、熟練の職人によって作られたハンドメイドのワイングラスである。

このソムリエシリーズにはボルドー、ブルゴーニュ、モンラッシェ、ソーテルヌなどそれぞれのワインに最適な形が考えられており、私はこのブルゴーニュを使うことが多い。理由は簡単、ブルゴーニュワインが好きだからだ。美しい横顔や、ステムに手を添えたときの感触、口をつけた瞬間のときめき。完璧なグラスだと思う。

フレアになったグラスの縁は
ワインを敏感な舌先に導き、
味わいを最大限に引き出す。

53

ずっと探していた茶托

光原社の漆茶托

気に入るものが見つかるまでは、とりあえずこれでいいと間に合わせの買い物は決してしない。間に合わせで買ったものは、あくまでも間に合わせなので愛着も湧かないし、いつか気に入ったものが見つかったときはいらなくなるからお金の無駄遣いになる。

盛岡の光原社で、この漆茶托を見つけたときはうれしかった。ずいぶん長い間、気に入る茶托を探していたからだ。意匠は古いものの写しと聞いたが、茶托にも小皿にも使えるし、丸に四角の柄もいい。

蟻川工房の蟻川喜久子さんのお宅に伺い、お茶を出してもらったとき、自分が買ったものと同じ漆茶托が使われていたので喜んだ。使いこんだ漆がいい味を出していた。素敵な漆茶托ですね、というと、蟻川さんは微笑んでうなずいた。同じものを持っていますとはいわなかった。

二月堂練行衆盤をお手本にしたという、
朱塗りの日ノ丸盆。
拭き漆の我谷盆と、欅十二角盆。
使うほど手に馴染む。

54

いつもと違う空気を運ぶ

佃眞吾のお盆

部屋に馴染んだテーブルへの愛着はあるものの、食卓の雰囲気を変えてみたくなるときもある。変わらない毎日もいいが、新鮮な毎日だって必要なのだ。テーブルクロスもいいが、もっと簡単にその場の空気を変えてくれるものがある。お盆だ。

あるときは、とっくりと盃、ちょっとしたおつまみを盛った小皿をちょこんと置いて。またあるときは紅茶の入ったカップとクッキーをのせて。葉っぱを敷いて寿司などをのせてもいい。こんなふうに「のせて運ぶ」以外にお敷きのようにして使っている。

ギャラリーで、いいなと思うとそれが佃さんの作品であることが多い。手がかかっている分、手が届きやすい値段かというとそうではないが、使ってみるととてもいい。そしてまたひとつ違うお盆が欲しくなる。

55

男向けの料理

『カレーの秘伝』(ホルトハウス房子)

カレーとは本来たいへん取り組みがいのあるリッチな料理である。今日はカレーにでもしましょうか、カレーなら作れるという、「でも」「なら」の料理ではない。『カレーの秘伝』の一番好きな一節である。

ホルトハウス房子さんのカレーはスープをとることから始めるので、作るのにみっちり半日はかかる。カレーとは、ちょっとやそっとの気軽な気分で作れるものではなく、よし、今日はカレーを作るぞ、という覚悟によって作られるべき料理である。そしてホルトハウスさんはこうもいう。カレーとは男向けの料理でもある、と。

ホルトハウス房子さんにカレーを教えていただいたことがある。レシピ通りにカレーを作ってみた。「リッチ」とはどういうことなのか。その意味を深く学ぶことができた。世界一おいしいカレーだった。

Kappa Homes
カレーの秘伝
これこそ最高の家庭料理
ホルトハウス 房子
SEAFOOD
Cream Cheese
CHICKEN

56

おいしい世界一周旅行

タイム社の世界の料理全集

フランス、ラテンアメリカ、カリブ、スペイン、ポルトガル、スカンジナビア……。この料理全集があれば、いつでも世界中を旅した気分になる。いつでも世界の国々の料理を目で味わうことができる。

本の中の料理を通して、その土地ならではの文化や歴史を知ることができて興味が尽きない。ぱらぱらとめくっているだけで、がぜんキッチンに立って料理したくなる。写真から文章から、おいしさが溢れ出てくるような本である。

発刊は一九七二年。ずいぶん前のものだが、たとえばアーティチョークの下ごしらえを忘れてしまったら「フランス料理」の一六一頁を開くとていねいに解説されていて頼もしい。おいしさの基本は何年経っても変わることはない。この全集は一生ものといえる。

ケースの中には料理の
写真と解説が載ったハードカバーの本と
リング綴じの小さな本
（おそらくキッチンで使うことを考えた）
の2冊が入っていて気が利いている。

バー・ラジオの
カクテルブック
バー・ラジオのカクテルブック
柴田書店

57

僕の先生

『バー・ラジオのカクテルブック』

青春時代の思い出を書くとき、いつも傍らに『バー・ラジオのカクテルブック』があった。

引っ越しをしたとき、本棚のいちばんいい場所にしまう本が『バー・ラジオのカクテルブック』だった。

眠れない夜、そっとページを開く本が『バー・ラジオのカクテルブック』だった。

大好きな人にプレゼントする本はいつも『バー・ラジオのカクテルブック』だった。

学校に行かなかった僕にとって『バー・ラジオのカクテルブック』は、たくさんのことを教えてくれた、やさしくてきびしい先生だった。

58

泡にうっとりする

ジャクソンのシャンパン

最高の作り手によって醸造され、保存状態もよく、自分のコンディションも上々のときに飲むシャンパンの味わいは格別だ。きめ細やかな泡が喉を通りすぎるときの至福は何ともいいがたいものがある。

ジャクソンはパリに住む友人に教えてもらった。あのクリュッグの原点ともいわれるシャンパーニュなのだという。「グラスに注いだときの泡の立ち上がりが本当に美しいでしょう?」友人はうっとりした目つきでそういった。私と同じ、彼女もシャンパンに心を奪われた女性のひとりである。

不思議なことに、一本飲むとだれかがジャクソンをプレゼントしてくれる。あるときはフランス土産、またあるときは私の誕生日プレゼントに。

愛する気持ちが強いと人にも伝わるものなのだ。

シンプルなエチケット（ラベル）にも惹かれる。
いただくばかりでなく、贈り物にすることも。

食の上質について

よい食材をていねいに料理すれば、自ずとその先が見えてくる――。

伊藤　ちゃんとした食材をていねいに料理すれば、それだけでもう、絶対においしいものができる。それにつきますね。

松浦　そうですね。ただ、何でもいいということになると、とことん何でもいいことになってしまうのが食でもあるかな。

伊藤　本当にそうですね。特に若いとそうなってしまうのかもしれません。でも、年齢を重ねて、食べたもので自分が作られていることを実感すると、そうはいってられなくなる。肌や髪も、食べるもので変わってきますから。

松浦　食事は基本中の基本だと思います。それに、ていねいに作った料理なら

なおさら、おいしく感じるように食べたくなるじゃないですか。料理が映えるお皿に盛りつけたいとか、雰囲気のあるテーブルクロスを敷いてみたいとか。それだけで、うんと気持ちよく過ごせるんだから。

伊藤　それは私、本当に皆さんに提案したい。少しずつでいいから、基本の台所道具や器やカトラリーを気に入ったもので揃えたら全然違います。まずはごはん茶碗ひとつ、汁椀ひとつ、お皿に、お箸一膳からでいい。私には大学生になったばかりの甥っ子がいるんですが、母は彼に、ストウブの鍋をひとつプレゼントしていました。一八歳の男の子にストウブの鍋は少し贅沢なのではと思いましたが、一生ものなのだから、かえっていいのではないかと思い直しました。

松浦　それはいい話ですね。

伊藤　ところで松浦さんは、外食ってなさいますか。

松浦　しますよ。基本的に平日の夕食は自宅で食べるけれど、日曜の夜は家族で外食することにしています。それは結婚以来の習慣です。近所の気のおけないいつものお店ですが、家人の息抜きにもなるでしょ。それとは別に、季節に一回は旬のものをいただくために特別なお店にも顔を出します。

伊藤　それは素敵ですね。私も基本的には家で自分で作って食べていますが、外食も大好きです。

松浦　一流といわれるいいお店で実際に食べてみないとわからないこともたくさんありますからね。何が一流なのか。そのあたりは、若い頃から大人の方にあちこち連れて行っていただいてよく勉強をさせていただきました。だから、いまは、自分でも食べに行くし、若い人を連れて行くようにしている。

伊藤　子育てをしていて、私からは何かを教えることはできないと思っていましたが、そうだ、食のことだけは教えてあげられると思って。毎日食べるごはんのこと、器のこと、それから信頼のおけるレストランやお菓子屋さんに連れて行っています。正しい「おいしさ」を知ってほしいというのもあるけれど、そういった場での過ごし方も知ってほしいなと思って。

松浦　それは食育ってことですね。すごくいいことだと思う。上質ないいものって、社会勉強もできるしきっと楽しいと思う。そんなにあちこち行く必要はなく

て、行きつけの店が何カ所か決まっていればいいんですよね。

伊藤　私もフランス菓子はここ、肉屋はここ、ワインならここというように決まっています。

松浦　食は特に信頼が大事だし。お店とは長くつき合うことで信頼関係ができますからね。あと、大切なのは年上の先生かな？

伊藤　松浦さんの先生はどなたですか？

松浦　僕は、バー・ラジオの尾崎浩司さんですね。若い頃から一挙手一投足を見て学ばせていただきました。伊藤さんは？

伊藤　私は、京都の有次の社長・寺久保進一郎さん、松本の蕎麦屋・三城の柳沢衣美さん、フランス菓子のオーボンヴュータンの河田勝彦さん。こういう方と巡り会えたのは本当に幸せなことです。

松浦　僕たちもそうなっていきたいものですね。

気分よく暮らす

忙しい毎日を過ごしているからこそ、住空間はゆっくりくつろげるようにしておきたいもの。

好きな椅子やアート、本など、上質な暮らしになくてはならないものをご紹介いただきました。

Yチェア専用のレザー製のクッションを使うことで、
座り心地がさらによくなった。(左・松浦)
椅子選びをするときに注意を払うのは安心して体を
まかせることができるかどうか。そして美しいこと。
モーエンセンの椅子はそのどちらも兼ね備えている。(右・伊藤)

59

Yチェアのある景色

ハンス・ウェグナーのYチェア

ハンス・ウェグナーのYチェアは、中国明代の椅子がルーツだという。ウェグナーは一九四三年にチャイニーズチェアの改良版として名作ザ・チェアを発表し、チャイニーズグナーは美しさと座り心地を追求し、一九五〇年にYチェアを世界に送り出した。

Yチェアのよさは、老人から子どもまで、性別を問わず、どんな世代の人が座っても椅子としての座りやすさを感じることだ。そして、食事をする、仕事をする、本を読む、くつろぐ、勉強するなど、どんなシーンにおいても、椅子としての便利を、座る人に与えてくれるのだ。

僕がYチェアを選ぶのは、座り心地はもちろん、ダイニングにYチェアのある景色がやさしく、あたたかく、美しいからだ。

60

見守る椅子

ボーエ・モーエンセンのチェア

ダイニングには大きな楢《なら》のテーブルがあって、そこにウェグナーの椅子が四脚行儀よく収まっていた。その様子は、見ていて気持ちがよかったが、「優等生の食卓」という気がして、なんだか落ちつかなかった。

そこで買ったのがボーエ・モーエンセンのシェーカーチェアとこの肘掛けつきの椅子である。新しく加わった椅子はすぐにその場所に馴染んだ。揃いの四脚の椅子は違った形のふたつの椅子をすぐに受け入れてくれたのだ。ウェグナーとモーエンセンは友人同士だったというから作品もまた仲がよいのだと感じた。

モーエンセンの作るものはどこかやさしげで親しみを感じるものが多い。その見かけも座り心地も。いつも私を見守ってくれているようだ。

61

心が引き締まる切れ味

六寸の本種子鋏

種子島の本種子鋏《ほんたねばさみ》がずっと欲しかった。切れば切るほどに刃が研がれ、切れ味がよくなるという手仕事の逸品だ。

しかし、数年前に手に入れた本種子鋏は、切れ味も使い心地もそれほど感動するものではなく愛着が湧かなかった。

つい最近、牧瀬種子鋏製作所の本種子鋏を知り、それまで使っていた鋏と比べてみると、切れ味も見た目も雲泥の差があって驚いた。本種子鋏という商品名で売られている鋏にもよい悪いがあるとわかった。

牧瀬種子鋏製作所の本種子鋏こそが本物の本種子鋏である。封筒の口を切る。刃がうねる。そのときのシャリっという音に、指と耳が喜ぶ。

三七代目の鍛冶の技を、道具として毎日使うしあわせがある。

刃は日本刀と同じ手法で作られている。

レデッカーのブラシは
置きっぱなしにしていても、
風景を邪魔しない。

62

掃除道具こそ美しいものを

レデッカーのブラシ

「五歳年齢が若く見える努力をするよりも、家をきちんと整えることが大事」。これは私の大切な友人がいった言葉である。なるほど、彼女のことを美しいと思うのは、生き方に筋が通っているからだったのだ。

友人を見習い私も家にいるときはできるかぎり窓を開け放ち、掃除機をかけ、床を水拭きし、棚やテーブルにたまった埃《ほこり》をはらう。

できれば使う道具は美しいほうがよい。だから、時間をかけて少しずつ掃除のための道具選びをしてきた。掃除道具の中で一番の気に入りが、レデッカーのブラシである。やわらかい毛は大切にしている額や本をやさしく撫でるように埃を取り去り、家中をこざっぱりさせてくれる。

63

水彩画の道具をいつも身近に置いてある

ウィンザー&ニュートンのシリーズ7

友人に送る手紙に絵を描いたり、気が向いたときに描いた鉛筆画に色をつけたりする。子どもの頃から絵を描くのは大好きで、特に色を塗るのが楽しくて仕方がない。時間を忘れて熱中できる趣味といえよう。

筆はウインザー&ニュートンのシリーズ7を使っている。

シリーズ7とは、最高級のコリンスキーセーブルを使用した筆で、一八六六年にヴィクトリア女王へ謹製したことで知られている。水の含みもよく、穂先のコントロールがとてもしやすいのが特徴である。僕は一号、四号、五号を使っている。

描くモチーフは、いつもテーブルの上にあるものばかり。

1
Series 7 · Miniature · Finest Sable · Winsor & Newton · England
4
Series 7 · Finest Sable · Winsor & Newton · England
5
Series 7 · Finest Sable · Winsor & Newton · England

64

旅の必需品

ヴィンテージのピルケース

旅が多い私にとって、アクセサリーの持ち運びはいつも悩みの種だった。ずいぶん長い間、プラスティックのピルケースの中に入れていたが、せっかく気に入って買ったピアスがその中に入っていると、どうにも味気なくて、毎回、いやだいやだと思っていたのだった。

旅先で北欧のヴィンテージの器やかごなどの民具を扱う店で見つけたのが、このピルケースだ。小さなほうはピアスとイヤリング用、大きくて平たい方はネックレス用。形違いで二つ買うことにした。

旅の間、バスルームにこのピルケースが置いてあると、見た目にも美しいし、何よりロマンチックな気分になるところが気に入っている。

持ち歩いてうれしく、荷物を広げるたびにうれしい。
そして持っているとよく「お似合いね」と褒められる。(右・伊藤)
このカメラケースで様々な国を旅行した。
たくさんの人に「それいいね」と褒められるから、
今や手放せない旅の定番になった。(左・松浦)

65

大事なものは手に持って運ぶ

ゼロハリバートンのカメラケース

海外旅行には必ずカメラとレンズのセットを持っていく。古いゼロハリバートンのカメラケースを使っている。珍しいブラックモデルをロンドンのアンティークショップで手に入れた。陶器といったコワレモノも一緒に運べるので便利。しかも機内持ちこみ可能なサイズが気に入っている。一週間くらいの海外旅行であれば、他に衣服を詰めたスーツケースと大きめのトートバッグで事が足りる。若い頃は、できるだけ荷物を少なくするのを目指していたけれど（それがかっこいいと思っていた）、最近はフォーマルな身だしなみが必要であったりするので荷物は多い。

キャスターつきではないが、カメラとレンズを運ぶことを考えるとキャスターはないほうがいい。

重たくても大事なものは手に持って運ぶのが正しい。

66

開くたびにうれしい

グローブ・トロッターのトラベルケース

国内の旅には手提げの旅行鞄を持って行くことが多かったが、普段車での移動が多く、手で大きな荷物を持つことに慣れていない私にとってそれは気の重くなる事柄だった。そんな話を仲よくしているセレクトショップの店主に話したら、グローブ・トロッターの小ぶりなトラベルケースはどうかと薦められた。おしゃれに関して絶大な信頼を寄せている彼女の意見に従い、さっそくその足で店に行き、手に入れたのがこのネイビーのトラベルケースである。

内側はブルーグレーの布張り。荷物の留めには布と同色のグログランのリボンがあしらわれている。かっちりとした外見とは裏腹にその中の様子はどこか可憐で清楚な印象を持つ。

このトラベルケースのおかげで前より一層、旅に出るのが好きになった。

67

考えるための椅子

ジョージナカシマのラウンジアーム

朝と夜の一日二回、三十分から一時間、僕は考える時間を大切にしている。頭の中を小さな部屋と考えて、まずはその部屋の散らかりを整理整頓して片づけるように、散らばった断片的な物事を一つひとつ手にとってよく見て、いるものといらないものを仕分けし、いらないものは捨て、いるものはきちんとしまうということをする。そんな作業をするだけで頭の中は整理され、いるものについてよく知ることになる。いわばそれが僕にとって必要な考えるということである。朝と夜は散らかるものが違うのでとても興味深い。

考えるときに座る椅子がある。ジョージナカシマのラウンジアームである。僕はシート部分にノッティングを敷いている。元々、座り心地のよい椅子がもっと座り心地がよくなる。もっと考えられるようになる。

ノッティングは外村ヒロさんに
作ってもらったものを愛用している。
冬でも夏でも気持ちがいい。

68

自然に触れるような

トルコのオールドキリム

古い時代に作られたキリムには、暮らしの風景が垣間見える。あるときはテーブル代わりに、あるときは人を招いたときの敷物に、あるときは独りになるための場所として。

複雑な柄はもちろんのこと、すべて天然の草木染めによる美麗な色彩に目を凝らすと、トルコやアフガニスタンの豊かな自然がイマジネートされる。そして肌ざわりがいいから、キリムの上ではいつも裸足でいたい。

ときたまピクニックに持っていって、草のある地面に広げると、これが本来の使い方なのだろうと実感する。太陽の光を浴びたキリムは草に溶けこみ、色柄にこめられた意味を私たちに解き放つ。祈り、喜び、感謝、慈愛という言葉を発するのだ。

69

そこにあるだけで

エリザベスチェア

ただそこに置いてあるだけでまわりの風景が美しくなる、なんともエレガントなソファである。

一九五八年にイギリスのエリザベス女王とフィリップ王子がコペンハーゲンを訪れた際に気に入ったことが話題となりエリザベスチェアと名づけられた。デンマークのデザイナー、イプ・コフォード・ラーセンによるもので、彼の代表作である。

美しいだけではない。継ぎ目のないクッションを使用しているので座り心地が抜群にいい。座面と背は穏やかな水色。緩やかな曲線を描く木の部分は桜を使用している。「使えば使うほどこっくりとした飴色に変わっていきます」その言葉に背中を押された。

一緒に年を取っていきたいと思うソファに出逢ってうれしい。

70

足元を包みこむ

子羊の敷物

ロンドンイーストのタウンホールホテルは、一九世紀に建てられた当時の外観はそのままに中は快適とモダンを兼ね備えたなんとも小粋なホテルだ。おかげで滞在した十日間、ずっと気分よく過ごすことができた。

中でも印象深かったのが、ダブルベッドの両脇に敷かれたムートンである。朝ベッドから裸足で床に降り立つと、フカフカの毛皮が足をやさしく包みこんでくれる。肌ざわりのよいものはこんなにも心を癒してくれるものなのかと感心した。

ちょうどその少し前、日本で羊の原毛を扱う仕事をしている方から、子羊のムートンをいただいたばかりだった。あまりに小さくてかわいいので、足元に敷くのを忍びなく思っていたが、帰ってすぐに敷いてみた。

ほっとするとともにロンドンの部屋のぬくもりを思い出した。

71

見ることと読むこと

アンリ・カルティエ・ブレッソンの『ヨーロピアン』

週末の午後、一冊の写真集をゆっくりと眺めるひとときはいかがだろうか。一枚の写真をあたかも小さな掌編を読むように見つめてみる。そうすると、いろいろなものやいろいろなことが見えてくる。そしてまた、自分の心の底にあるような記憶までもが浮かび上がってくる。そんなに早くページをめくることはない。あるページを一日中開きっぱなしにして、座ったり立ったりしながら、そこにある写真をぼんやり見つめてみるのは、写真の大好きな味わい方だ。

気に入ったページを開いたまま、小さなテーブルに置いておく。飾っておくというほうが正しいかもしれない。一日どころではなく何日もかけて一枚の写真を見続ける。アンリ・カルティエ・ブレッソンの『ヨーロピアン』はそういう一冊なのだ。

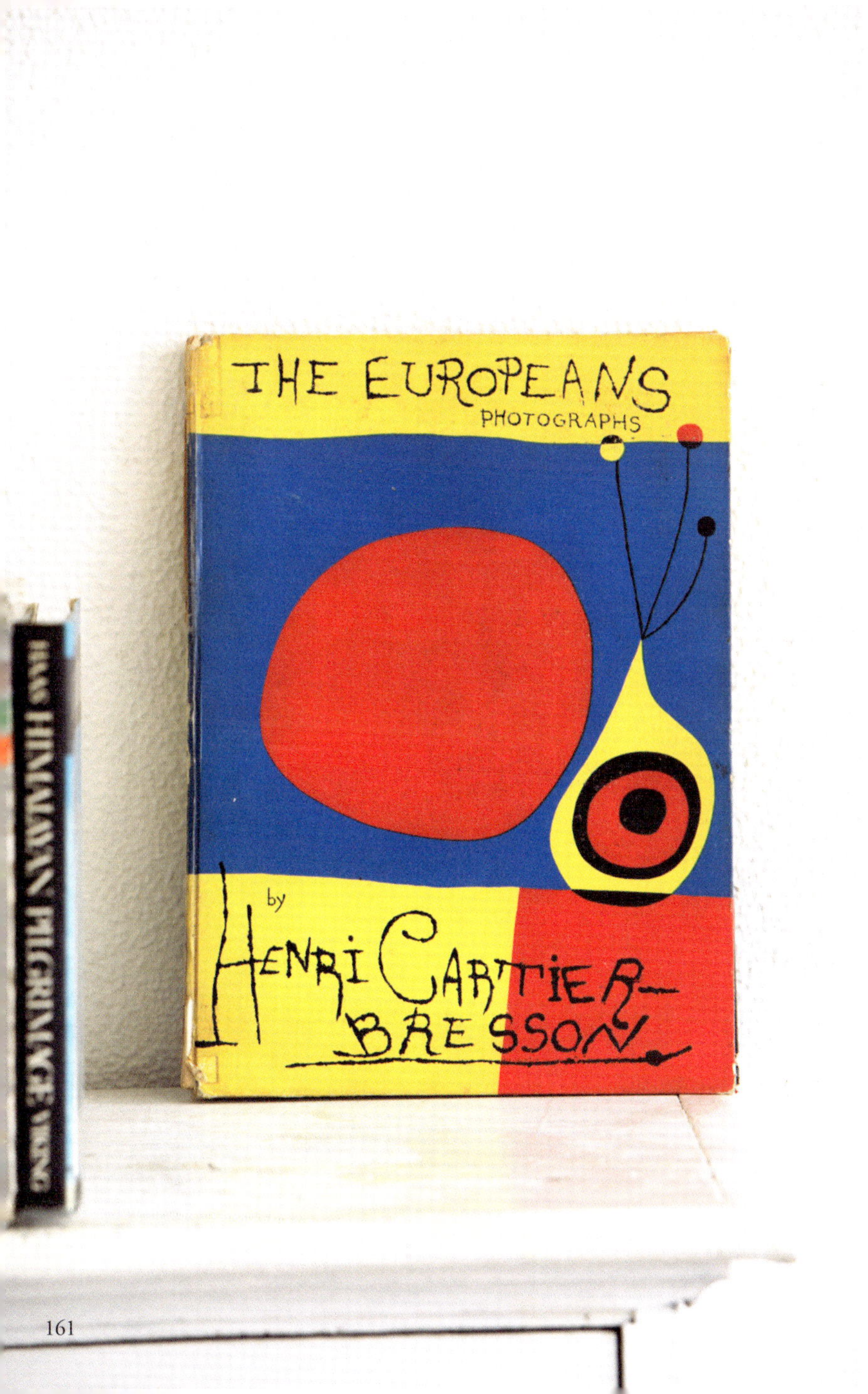
THE EUROPEANS
PHOTOGRAPHS
by
HENRI CARTIER-BRESSON

72

何気なさ

李禹煥のドライポイント

美術館やギャラリーに行くのは好きだが、自分の家にアートはいらないと、ずっと思っていた。好きだな、欲しいな、と思ったとしてもそれが必ずしも買えるものとは限らないという気持ちがあったからだ。

ただ、気に入った器をテーブルの上に飾ったり、海辺で拾った石を床にごろりと置いたり、ソファの横のサイドテーブルに、本の中の好きな頁を広げて置いたりするのは好きだった。

直島《なおしま》の李禹煥《リウファン》美術館で目にしたこのドライポイントは、そんな私の日常にするりと収まった。何をモチーフにしているのかは忘れてしまったが、なんといってもこの作品の魅力は「何気なさ」であると思う。石や器や本と一緒に置いても、すぐにその空気に溶けこむ。けして主張はしないが、置いた場所で、さりげなく存在感を放っている。

弥太郎用箋

73

毎日何をしているかというと

満寿屋の名前入り一筆箋

毎日手紙を書くから毎日手紙が届く。こういうと驚かれるが、メールを毎日書けば、メールが毎日届くのと同じである。

最近、一筆箋で書く手紙が多くなった。失礼にならないように気遣いが必要だが、ちょっとしたお知らせやお礼など、普段のやりとりに一筆箋はとても便利と思っている。

使っているのは、尊敬する方からいただいた満寿屋の一筆箋だ。クリーム色の紙に、赤い線のマス目で、隅に「弥太郎用箋」と名入れされている。その方が誂えてくれたのだが、こんな素敵な贈り物を思いつくとは、なんてセンスがよいのだろう。しかも、いくら使っても、しばらく困ることのないようにと二十冊もあり、同じ紙を使った封筒までたっぷりとある。今日も僕は手紙を書いている。とてもうれしい。

74

粋でシンプル

平つかのぽち袋

旅館で心づけを渡したり、立て替えていただいたチケット代をお返しするときにぽち袋を使う。お正月に出番が集中しがちなぽち袋だが、こんなに愛らしい小さな袋が、一年に一度しか使われないのはしのびないと思っている。

ぽち袋は銀座平つかのものを求めることが多い。

木版で一枚一枚ていねいに刷られたぽち袋は、なんともいえない味わいがあり、眺めるだけで、また手に取るだけで心が浮き立つ。創業は大正三年というから、店を構えて今年でちょうど一〇〇年の老舗である。

平つかのモットーは「オリジナルであること」「粋でシンプル」「機能的で本物の商品作り」。小さな袋にはたくさんの思いが詰まっている。

75

眼鏡をかけて何を見るのか

ルノアの眼鏡

安いものばかり食べていると安い男になるぞ、と若い頃、大人におどかされた。含蓄のある言葉である。これはある意味、安いものばかり見ていると安い男になってしまう、いいものをしっかりと見ろ、という意味だと思いつつ、衣食住は、常に多少の背伸びが大切だと受け取っている。用を足せれば、なんでもいいと思うようになったらおしまいだ。

眼鏡を道具とするかアクセサリーとするかを考えた。人から見えるものだからアクセサリーだと思い、ルノアの眼鏡を選んだ。葉巻入れを思わせるケースも気が利いている。

眼鏡をかけて、いいもの、美しいものを、バランスよく、たくさん見つめていきたい。

安い男にはなりたくない。

どれにしたものかと迷っていた私に、
店員さんがこれを薦めてくれた。
迷ったらプロの言葉に耳を傾けることにしているが、
素直に従って正解だったと思うほど
今では私に馴染んでいる。

76

いつもバッグにしのばせておきたい

デルタの万年筆

「筆記用具に正装があるとしたら、それはきっと万年筆よね」憧れの女性にそんなことをいわれて、万年筆を使わない理由があるだろうか。その人からの手紙は文章や文字の美しさもさることながら、いつもどこかはんなりとした空気をまとっている。そうかその理由のひとつは万年筆だったのだと膝を打った。

とはいえ、気に入ったものがすぐに手に入るとはかぎらない。書き心地はいいけれど、デザインはちょっと。デザインはいいのに、私の手にはどうもしっくりこない。そんなある日、仕事の合間に立ち寄った店で、この万年筆に出合った。モスグリーンのマーブル模様がなんともシックで一目で気に入った。以来、何を書くときもこの万年筆を使っている。

77

決して闘わない

ロイヤルドルトン・ジャック

ロイヤルドルトン・ジャックというブルドッグの置物がある。不屈の英国人の魂を表したマスコットとして有名。陶磁器で知られるロイヤルドルトン製の希少な一九四一年製のオリジナルをロンドンの友人からプレゼントされたときは大喜びした。007好きの僕のために、アンティーク屋を探し回ってくれた。「007スカイフォール」を観た人ならわかるだろう。不屈の精神というと、負けない心を意味するが、僕は「人と闘わないという闘い」を信条にしている。それもひとつの貫きであり、精神的な強さであると思っている。

ふと心が誰かにファイティングポーズを取ろうとしたとき、目の前に置いてあるロイヤルドルトン・ジャックが僕をにらむ。

人と闘うなと止めてくれる。

OFFICE
DU LIVRE
I WANT TO

重量およそ5.5キロ。
買うのをためらったが、
なんだか縁を感じて
家に持ち帰った。

78

森のにおいのする本

ファーブルのきのこの本

京都でばったり会った知人が、時間があるなら、ぜひ連れて行きたい場所があるという。急ぐ旅でもあるまいとついていくと、そこは森に寄りそうように馴染んだお寺だった。お寺には小さな庭があって、庭を臨む縁側に座りながら、ファーブルがどのようにして昆虫記を書いたかという話を延々と聞いたのだった。

帰りがけ、山道を歩いているときにめずらしいきのこを見つけ喜んでいると、彼は私に輪をかけてはしゃいでいる。とうに六〇を過ぎたおじさんだが、その姿はすっかり少年のようだった。

ほどなくして東京の古書店で見つけたのが、このファーブルのきのこの本だ。時々、床に寝そべって頁をめくると、私のまわりが森になったように感じる。

79

話しかけてくるから返事をしたい

上田義彦さんのオリジナルプリント

上田義彦さんの写真を寝室の壁に飾っている。

毎日、眠る前に見る。毎日、朝起きたときに見る。たった数秒のときもあれば、三〇分近く、いや一時間も見ているときがある。そんなふうに毎日見ていて二年経つが、ひとつも飽きることなく見続けている。そして僕は、美しさとは、いのちとは、光とは、見えるもの、見えないものについて、あれこれと頭の中をぐるぐるさせている。もっとシンプルに向き合えばいいと思うのだが、写真が僕に話しかけてくるから仕方がない。話しかけられたら返事をしたくなる。

今となれば友だちのようだ。毎日対話できる友だちがいるというのは、なんてしあわせなのだろう。

松本民藝館の創設者、丸山太郎氏とともに松本の民藝運動を牽引した三代澤さん。
暖簾や屏風、パネルなど今でも松本の街中に三代澤さんの作品が息づいている。

80

紙の上の雪の結晶

三代澤本寿さんの型絵染め

松本に住んでいた頃、何度か型絵染め作家、三代澤本寿さんの家に遊びに行かせていただいた。アトリエのそこかしこに染めに使われた型や、中近東や中央アジアなど世界中を旅して手に入れたという道具が置かれ、私はまるで宝探しをしにきた子どものようなわくわくした気持ちで道具のひとつひとつを眺めたものである。

そこに置かれたものは本寿さんが亡くなられてからは、すべて三男の友寿さんによって大事に保管されていたが、私が見たいというと惜し気もなく、型や型によって染められた作品を見せてくださった。

その中で目が離せなくなった作品がこの雪の結晶をモチーフにしたものである。「よかったら持って行って」といわれ、うれしさをどう表現したらよいかわからないまま、歩いて帰った記憶がある。

81

旅先でも普段と変わらぬ習慣を

アーツ&サイエンスの石けん

アーツ&サイエンスのソープを旅行に必ず持っていく。

泊まったホテルのアメニティが、必ずしも自分の好みに合うとは限らず、しかもあの小さなソープやボトル類がどうしても苦手である。

アーツ&サイエンスのアイテムの魅力は、上質であるのはもちろんのこと、どれも美しい箱に入れられていることだ。ソープは普段使いとは別に、旅行用にひとつ用意しておき、箱で持ち歩き、使った後も水けを切って箱に戻しておけば何ら問題ない。

洗い上がりの肌が心地よくしっとりするのは、天然ミネラルが豊富な死海の泥をベースにしているからだ。ムスクの香りも気に入っている。

ARTS & SCIENCE
A&S™
HAND MADE IN BELGIUM
— EST. IN 21ST CENTURY —

Gamila Secret
PRESS COVER GENTLY AND SMELL HERE
100% NATURAL INGREDIENTS
Raised by nature
gathered by Gamila to nourish healthy skin.
Gamila
Gamila

82

私の毎日を支えてくれる

ガミラシークレットの石けん

香水が「ハレ」だとしたら、この石けんは「ケ」の存在だ。けれどもその「ケ」こそが私の毎日を支えてくれる極めて大切なものだと考える。いくらおいしいからといって、毎日懐石料理やフランス料理のフルコースを食べることはできないし、いくら素敵だからといってしゃれた服ばかりでは、くつろぐことはできない。ガミラシークレットの石けんは、毎日食べる常備菜、または何度も洗濯をして、くたっといいかんじに体に馴染んだリネンの部屋着のような存在だ。私にくつろぎと安らぎの時間を与えてくれる。

素肌に直接触れる石けんこそ、安心できる素材のものを選びたい。作り手の考えに共感できるものを使いたい。これを使って一番喜んでいるのは私の肌だ。頭で考えるよりも体はとても正直なのだ。

83

あの人が好きだったブルー

フォロンのリトグラフ

ジャン・ミッシェル・フォロンのリトグラフは、親しくさせていただいていたクニエダヤスエさんが長年大切にしていたものだ。

「きれいなブルーでしょ」「じーっと見ていると、いろいろなアイデアが思い浮かぶのよ」「私の大好きな絵なの」「フォロンから直接買ったのよ」。リトグラフの前で話してくれた言葉の数々を思い出す。

クニエダヤスエさんは突然、天国に旅立ってしまった。もっと話を聞きたかった。もっと大好きな絵の話をしてもらいたかった。

リトグラフは今、僕の部屋に置かれている。

なんてきれいなブルーなんだろう。

84

一生の友だち

シュタイフのぬいぐるみ

ぬいぐるみというと、やわらかなものを思い浮かべる人が多いと思うが、シュタイフのぬいぐるみは、それとはずいぶん違う印象を受ける。顔立ちや形こそかわいらしいが、持つとずいぶんとしっかりしている。なんとも質実剛健だ。動物の仕草や動きをスケッチし、スケッチを元に起こしたパターンを使って生地を裁断。その後、職人の手によってひとつひとつ縫製するのだという。だから同じ顔、同じ体はひとつもない。

馬のぬいぐるみはパパからのドイツ土産、ハリネズミは私からのクリスマスプレゼント。小学生になってから娘に贈ったものなので、これを抱いて一緒にベッドにもぐりこむことはなかったが、娘はずっとふたつのぬいぐるみを大切にしている。子どもだってよいものが好きなのだ。

85

文章を書きたくなる鉛筆

エルメスの鉛筆

言葉や文章を書かない日はない。仕事の原稿だけでなく、アイデアや思いつき、ふと頭に浮かんだことなど何でも書き残している。なのでいつもペンを持っている。ペンは鉛筆を使っている。鉛筆は自分にとって一番ストレスのない筆記具である。

エルメスの鉛筆をプレゼントでいただいたが、しばらく使わずに置いておいた。編みこんだ細いレザーを軸に巻きつけた美しい手仕事を見ると、気軽に使うのに気が引けていた。しかし、ある日、使い心地はどうかと勘ぐりながら、ちょっと文章でも書いてみようと思った。

短いエッセイを書き終えたとき、指先に残る感触がいつもと違うことに気がついた。その違いを知りたくて、もっとたくさんの文章を書きたいと思った。魔法のような鉛筆だ。

86

背筋を伸ばして

スマイソンの便箋と封筒

メイルの気軽さやスピードも捨てがたいが、大切な友人や知人には、手紙で気持ちを伝えるのが一番だと思っている。

街を歩いていても、旅に出ても、文房具屋を見かけると立ち寄りたくなる。便箋、封筒、葉書、一筆箋……、気に入ったものに出合うと、その日は一日機嫌がよい。

大切な方への手紙には、スマイソンの便箋と封筒、もしくはカードを使う。ネイビーのグログランリボンをそっと解き、水色の箱を開けると穏やかな白い便箋が現れる。それを一枚取り出し、万年筆を使っててい ねいにしたためる。テーブルを片づけ、背筋を伸ばして真剣に向き合う。

折り目正しいその姿にふさわしくありたいと思うからだ。

SMYTHSON

87

素晴らしい箱を見つけた

コシャーさんの箱

長い間パリで仕事をしていた友人が使っていた資料や書類をまとめているファイルが素敵だった。ネイビーのリボンを結んで閉じる、クリーム色の厚紙でできたポケット式ファイルだ。日本では見たことがない上品さがあった。今度パリに行ったら買って揃えようと思った。

青山のＦｏｕｎｄ　ＭＵＪＩでコシャーさんの箱というリボンで結んで閉じる書類入れを見つけた。フランスの公共機関や図書館で使われているらしい。そういえば友だちもファイルについて同じようなことをいっていた。重ねて収納できるからファイルよりも箱のほうが、きっと便利だろう。フランスには上質で美しい紙箱の文化がある。引き出し代わりにたくさん買った。

シャツやニットを収納するのにぴったりだった。

88

花があるだけで

家の近くに花屋ができて、うれしく思っている。いつも通りがかりに店を覗いては、好みの花を買ってきて家のあちらこちらに活けている。

とはいえ、アレンジはお世辞にも上手とはいえないので、いつも一種類の花を古い保存瓶にどさりと入れるか、グラスに一輪挿しておしまい。

普段、器やものと接する仕事をしているせいか、家にいるときはなるべくものをしまいこんでいるが、ごくたまにどこかもの寂しく見えることがある。そんなときに花の助けを借りるのだ。花がほんの少しあるだけで、そのまわりの空気がふんわりと色づく。

華やかなブーケをいただくのもうれしいが、自分のために花を買って、どさどさと飾り気なく活けるのもまた大好きなのだ。

89

やっと辿り着いたライカのレンズ

ライカのカメラ

ライカのカメラを二〇歳のときにニューヨークで買った。

それからずっとライカを使い続けている。今まで、ライカのレンズを何本買ったり売ったりしたかわからない。ある時代における、ライカの手磨きのレンズは個体差があり、古いものならコンディションのよし悪しもあり、同じレンズでも描写が微妙に異なるからだ。愛着が湧かないレンズはすぐに手離し、また同じレンズを手に入れ、自分に合うレンズを探し続けた。ライカのレンズは高価だからお金がいくらあっても足りなかった。それでも一度ライカの味にはまると抜け出せない魅力がある。

今手元にあるのは、ようやく理想の描写に辿り着いた一九六〇年製のズミルックス35ミリである。どんなときにどのように撮ればよいのか。そしてそれがどう描写されるのかを知り尽くしたレンズである。

LEITZ CANADA
1730164
SUMMILUX
1:1.4/35

90

静かで気になる存在

渡辺遼の鉄のオブジェ

石かなと思い、手に取ると拍子抜けするほど軽い。そしてカラコロとかわいらしい音が鳴った。二枚の鉄を溶接でつなぎ合わせ、表面を紙やすりで磨いてなめらかにするという。カラコロの音は空洞になった部分に入れた小石のしわざだった。

金属のオブジェだが、冷たさは感じない。不思議なものを作るなと思っていたが、この作家を知るギャラリーのオーナーに聞いた話によると、彼は、野山を歩いて、木の実や石ころを拾っては眺めて飽きることがない少年だったという。それを聞いて納得した。このオブジェを自然の中にぽんと置いても、きっとすぐに馴染むに違いない。

どこに置いてあっても、静かでいながらじぃっと存在感を放っていて、それが不思議でたまらない。まるで生きものみたいだ。

松浦

91

坂本茂木さん作の表札

家を買ったはいいが表札をどうするかをひとつも考えていなかった。そのときに鎌倉もやい工藝の玄関にかかっていた焼き物の表札が思い浮かんだ。あんなに素敵なものはどうしたら手に入るのかと主人の久野恵一さんに聞くと、せっかくなら小鹿田焼の名工、坂本茂木さんに字を書いてもらうのはどうだろうといわれた。そんな夢のような話に有頂天になった。表札は一年後、忘れた頃にでき上がった。茂木さんの字は、味があってとてもいいんだ、と久野さんはいった。たくさん焼いた中でふたつだけよいものができたという。表札泥棒に盗られても、もう一つあれば安心だと久野さんは大笑いした。

おかげで安普請《やすぶしん》が一丁前になった。

92

活版印刷の名刺

名刺は自分を表すものだから、作るときに気を遣う。

小さな紙の中に、必要な情報を見やすくわかりやすく配置しなくてはいけない。紙の質感や色合いにもこだわりたい。けれども、それを形にする作業はとても難しい。

初めて名刺を作ったときから文字は活版で、と決めている。活版の持つあの独特の風合いが好きなのだ。出版の仕事をしていると、それに気づいてくれる人も多く、初対面の人と会話の糸口になることもある。

台湾を旅した知人からのお土産は、伊、藤、ま、さ、こ、五つの活版活字だった。街を歩いていたら偶然、印刷所を見つけ、買ったのだという。今度の名刺は台湾製のこの文字で作ろう。心憎いお土産である。

名刺のデザインは信頼のおける知人のグラフィックデザイナーに
イメージを伝えて作ってもらっている。
シンプルで潔いデザインが好きだ。

左・伊藤　右・松浦

93

フランスの歴史という香り

シール トゥルードンのアロマキャンドル

家のそこかしこにアロマキャンドルを置いているのは、それだけでキャンドルのよい香りが部屋を満たしてくれるからだ。

世界最古のキャンドルメーカー、シール トゥルードンは、フランスで一六四三年からキャンドルを作り続けている老舗である。ベルサイユ宮殿やフランス各地のノートルダム寺院などのキャンドルも作っている。アロマキャンドルのガラス容器はイタリアのヴィンチ村の職人の手吹きによって作られている。ガラスだけでも工芸品としての価値があるだろう。パリにあるシール トゥルードンを一度だけ訪れたことがある。そこで嗅いだキャンドルの香りはまさにフランスの歴史そのものだった。

特別な日に火を灯している。

94

パリの女性のように

スクレ・ダポティケールのキャンドル

パリにいると香りに敏感になる。カフェやレストランでとなり合わせた女性から、またはすれ違いざま、ほのかに漂ってくるからだ。ときにはつけすぎ？　と思うこともあるが、それもまた個性だといわんばかりに、みな香りを自分のものにしていて、それが羨ましい。だから私も少しずつだが、自分の好みの香りを揃えている。

パリに住む友人からもらったこのキャンドルは、灯すととても繊細な香りを漂わせる。一〇〇％天然素材を使っているので、煤《すす》が出ることもなく、溶け出したロウは練り香水のように肌に直接つけることもできる。いつだったか、お客様がいらしたのでキャンドルを灯したら「伊藤さんの香りがする」といわれた。私もパリの女性のように香りを自分のものにしたのかと、うれしくなった。

95

ライム バジル & マンダリンの香りの中で

ジョー マローン ロンドンのバス オイル

「人は自分の見たいものしか見ない」という言葉を、風呂に浸かり、ぼんやりしながら独り言《ご》つ。自分は今、何を見たいのだろうか。見たいものが偏っていないか。何かを否定していないかと……。古代ローマ帝国のシーザーによる名言であるが、自分が何を見たいのかを常に問い続けることで、そのときの自分、または新たな自分を発見することは少なくない。仕事のアイデアにも役に立つ。

きっかけは、ロンドンで泊まるホテルに、ジョー マローン ロンドンのバス オイルがアメニティで置かれていて、アメニティのカードに、シーザーの名言が書いてあったからだ。ライム バジル & マンダリンの香りに包まれると、言葉の意味がじんわりと沁《し》み入った。

Jo Malone
London
Lime Basil
& Mandarin
Bath Oil
Huile de Bain
6.8 FL.OZ./OZ.LIQ.
200 ML ℮

96

一日の始まりと終わりに

ディー・アール・ハリスのトゥースペースト

トゥースペースト、つまり歯磨き粉である。

じつは長い間、なかなかいいものが見つからず困っていた。ニューヨークを旅したとき、オーガニックのマーケットでずらりと並ぶ歯磨き粉の中から、デザインの気に入ったものを買って帰ったが、どれもしっくりこなかった（オーガニックだからいいということではないのだという勉強にはなった）。その後、出合ったのがこのディー・アール・ハリスのトゥースペーストだ。上質なスペアミントは、まだ眠い朝にも、またやがて眠りにつく夜にも心地いい。

一七九〇年、薬剤師と医師の兄弟が創業。二〇〇年以上にわたり、ロンドンのセントジェームス通りに店を構えているのだとか。英国王室御用達と聞いて、なるほどと思った。

英国王室のお墨付きで裏切られたことは一度もない。
上質で、心地よいものが多い。
シンプルなデザインはバスルームに清潔感をもたらす。

97

カゴの見分け方

コルボのワイヤーバスケット

カゴはモノを運ぶ道具である。日本では、山ぶどう、こりやなぎ、イタヤカエデ、あけび蔓、真竹などで編まれたものが多い。カゴのよし悪しを見分けるには、まず縁づくりがしっかりしているかを見る。次に持ち手が丈夫であるかが重要である。縁がしっかりできていないと持ち手がきちんとつけられない。カゴ自体は一人で編めるが、縁は力も必要なので、ときには二人がかりの手仕事となる。そしてフォルムを見る。四角いフォルムは耐久性に欠ける。フォルムを丸く編むことで、手の触りがよく、モノを入れたときに重さも分散され、道具としての役目を果たす。

スウェーデン製・コルボのワイヤーバスケットは、ステンレス素材を使った立派な手仕事品である。底編みからの立ち上がりが美しい。

98

部屋を整える

みすず細工の乱れかご

仕事場の二階をゲストルームにしている。日本の各地や海外からやって来る友人たちのために、この部屋を自由に使ってもらっているのだ。シングルベッドがふたつに、小さな椅子。サイドテーブルの上にライトがひとつだけというシンプルな空間である。

ここを整えるとき、いつも快適なホテルの部屋をイメージする。清潔で、きちんとしていて、でも冷たくならない部屋作りは、なかなか難しいが、このみすず細工のみだれかごのおかげで、どこか和んだ雰囲気になるから助かっている。かごの中にはこざっぱりと洗い上げたタオルとバスローブを用意する。こんなふうに部屋を整えるうちに、人にとって、そして自分にとって快適とはどんなことなのかを考えるようになった。

友人たちのおかげである。

柳宗悦の著書にも登場する松本のみすず細工。
しなやかで弾力があるみすず竹の細工は
信州の人々のかけがえのない暮らしの道具だった。

99

バッハ以前の音楽

ジョン・ダウランド

家で音楽を聴くときはクラシックが多い。

ピアニストでは、グレン・グールド、ディヌ・リパッティ、アリシア・デ・ラローチャ、マルタ・アルゲリッチが好きだ。

パブロ・カザルスのチェロ、ブロニスラフ・フーベルマンのヴァイオリン、カール・リヒターのチェンバロ、鶴澤清治の三味線も好きでよく聴く。

ある時期、取り憑かれたようにバッハばかりを聴いていた。そのときにふとバッハ以前の音楽とは何だろうと考えた。バロック音楽や宗教音楽が思いついたが、もっと素朴で日常的な音楽はないのだろうかと調べた。一六世紀のイギリスの作曲家で、ヨーロッパで愛されたリュート奏者のジョン・ダウランドに辿り着いた。作品は愛や悲しみを歌う声楽とリュート音楽で、中でも「流れよわが涙」は壮麗なる歌である。

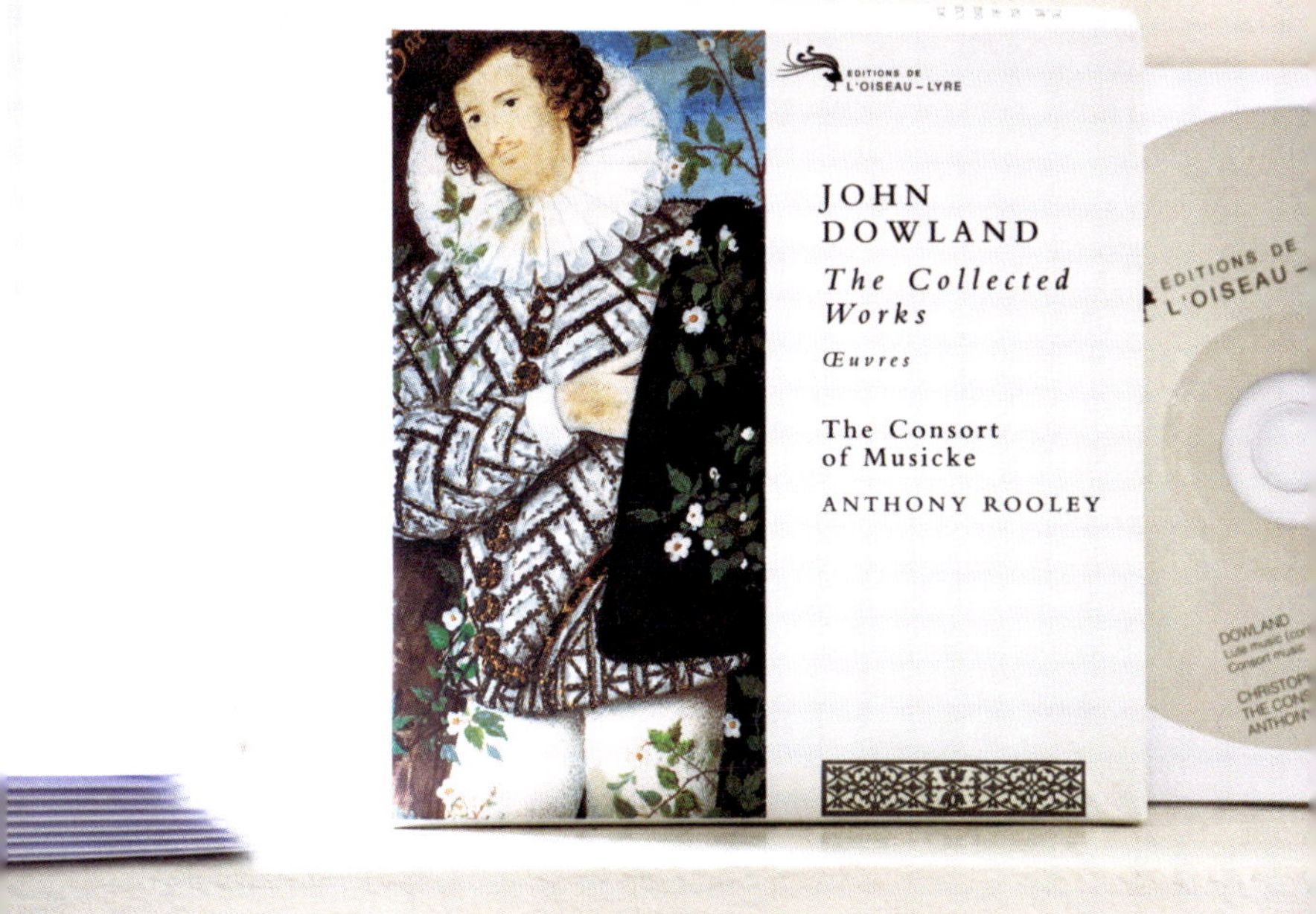

EDITIONS DE L'OISEAU – LYRE
JOHN DOWLAND
The Collected Works
Œuvres
The Consort of Musicke
ANTHONY ROOLEY

100

そのまなざしの先は?・リサ・ラーソンの女性のオブジェ

ライオンや猫、犬やアザラシなどの動物をモチーフにしたオブジェで知られる、スウェーデンの陶芸家、リサ・ラーソン。これは彼女の手によってていねいに作り出された、女性のアートピースである。

出合ったのは京都のミナ ペルホネン、フィンランド語でギャラリーの意味を持つ〝ガッレリア〟という空間だった。白くペイントした学校の机の上にぽつんぽつんと置かれた、あらゆる表情の女性。そのまわりの壁を夫である画家・グンナル・ラーソンの絵画作品がリサの作品を見守るように囲む。

買うつもりで行ったのではなかった。でも、意志の強そうなその女性の横顔を一目見たら目が離せなくなった。

小さいけれど、存在感は大きい。そのまなざしには何が映っているのか。何が見えているのか。ずっと眺めていても少しも飽きない。

上質な暮らしとは

とにかく気持ちよく暮らしたい——、住空間を整えるのはそのための自己投資

松浦　自分の暮らす場所は、とにかく気持ちよく整えておきたい。好きなものしか置きたくないという気持ちが僕は強い。

伊藤　私もそうです。それから何はなくとも掃除が大事。

松浦　掃除ですね。うん、僕も清潔な空間であることは絶対条件です。

伊藤　お寺や神社へ行くと気持ちがいいじゃないですか。あの気持ちよさは何かといったら、掃除が行き届いているとい

うこともありますよね。あの空気感を家に持ってきたいと思うと、私の場合、自分で掃除するしかない。

松浦　伊藤さんは掃除が好きですか？

伊藤　よくそう聞かれるんですけど、そうじゃなくて、気持ちのいいのが好きなんです。掃除しなくてもきれいで気持ちいいのなら、しないと思うんですが、家は、私がしないとそれは保てない。

松浦　掃除しないと空気がよどみますし。

伊藤　そう、そのよどんだ空気、滞った感じがいやなんです。

松浦　わかりますよ（笑）。僕もそう。だから家もそうだし、お店も仕事場もとにかく掃除する。家に置くものについてはどうですか？

伊藤　好きなものを置きたいというのはもちろんなんですが、間に合わせということができないんです。

松浦　ああ、わかります。僕も間に合わせは大嫌い。じゃあ、好きなものに出合えるまで待つタイプですか？

伊藤　そうですね。

松浦　では、好きなものにやっと出合えたら少しくらい高くても買いますか？

伊藤　ローンを組んでまでということはしませんが、多少背伸びをすればという場合は、えいやっと買ってしまいますね。

松浦　それは、大事だと思います。背伸びや痩せ我慢は、好奇心を支えるものでもあると僕は思っている。自分の器を広げることができるのは自分だけでしょう。だから、若いうちからちょっと背伸びしたり、痩せ我慢したりして自己投資するというのは、自分を成長させるし、必ず何倍にもなっていつか自分に返ってくる。たとえば利殖のために株を買って勉強するのもいいと思いますが、上質ないいものを買って、それにふれながら過ごすという自己投資もすごく大事だと思う。

伊藤　それに、いいものを買っておけば、何度も買い直さなくていいし、それこそずっと、一生使うこともできるからかえって節約になっているということもありますよね。もちろん、まれに飽きてしまうこともあるけれど、それでも、上質なものは必ず誰かに譲ることができます。

松浦　そうですね。今の若い人は、経済状況が悪いなかで育ってきたから、お金を使うのを怖がるみたいだけど、お金は使わないと増えないものなんですよ。そして、使うなら、自分を成長させるものに使ってほしい。

伊藤　わかります。私はスタイリストの仕事をしていますが、器でも鍋でもテーブルクロスでも、自分で買って、自分で使ってみないとわからないことはたくさんあります。使ってみていいから、皆さんにお知らせしたくなるし、たとえば、肌にあたる感じがいやだななどと、少しでも違和感を感じたら、見た目が素敵でも紹介はしません。

松浦　伊藤さんは旅行も好きで、いいホテルに泊まるのも好きでしょう。

伊藤　はい。いいホテルに泊まることで、ああ、こういうシーツが気持ちいいんだとか、こんな器の使い方は素敵だと知ることはたくさんあります。

松浦　そうですよね。僕も、いいホテルに泊まるのは大好きですが、ときどきそれを贅沢なことだとおっしゃる方もいる。必要な勉強だと思えば、全然贅沢なことではないとも思っています。

伊藤　そうか、じゃ、これからも堂々と勉強を続けないと。

松浦　上質なものとは自分を成長させてくれるいい友だち。上質なものとの出合いはこれからも大切にしたいと思っています。

インフォメーション

p.18　マーガレット・ハウエルのアイリッシュリネンシャツ
マーガレット・ハウエル　tel.03-5467-7864
http://www.margarethowell.jp/

p.24　デンツのレザーグローブ
リーミルズ エージェンシー　tel.03-3473-7007
http://www.dents.jp/

p.28　パテック フィリップのアクアノート
パテック フィリップ ジャパン・インフォメーションセンター
tel.03-3255-8109
http://www.patek.com/contents/default/jp/home.html

p.30　ミキモトのパールのネックレス
ミキモト　tel.0120-868254
http://www.mikimoto.com

p.32　オールデンのプレーントゥ
ラコタハウス 青山店　tel.03-5778-2010
www.lakotahouse.com

p.34　クリスチャン ルブタンのハイヒール
クリスチャン ルブタン ジャパン　tel.03-6804-2855

p.38　バーバリーのトレンチコート
バーバリー・ジャパン　tel.0066-33-812819
http://jp.burberry.com/

＊データは2014年7月現在のものです。掲載品はすべて著者の私物のため、
現在も同じものが手に入るとは限りません。

p.40　エッティンガーのベルト
エッティンガー銀座店　tel.03-6215-6161
http://ettinger.jp/shop/

p.42　ボッテガ・ヴェネタの財布
ボッテガ・ヴェネタ ジャパン　tel.0570-000-677
http://www.bottegaveneta.com

p.48　ジェイエムウエストンのゴルフ
ジェイエムウエストン青山店　tel.03-6805-1691
www.jmweston.com

p.50　トラディショナル ウェザーウェアの折りたたみ傘
トラディショナル ウェザーウェア　tel.03-6418-5712
http://www.tww-uk.com/

p.52, 54　フォックス・アンブレラの傘、日傘
フォックス・アンブレラ　tel.03-5464-5247

p.62　マルニの白いワンピース
マルニ　tel.03-6416-1021
MARNI.com

p.66　向島めうがやの足袋
向島めうがや　tel.03-3626-1413
http://mukoujima-meugaya.com/

p.68　モンクレール ガム・ブルーのキルティングジャケット
モンクレール　tel.03-3486-2110
http://www.moncler.jp/

p.70　ジョンストンズのカシミヤ毛布
ジョンストンズ　tel.03-3473-7007
http://johnstons.jp/

p.72　グッチのホースビット ローファー
グッチ ジャパン カスタマーサービス　tel.03-5469-6611
www.gucci.com

p.74　レペットのTストラップシューズ
ルック ブティック事業部　tel.03-3794-9139
http://www.repetto.jp/

p.76　ユリ パークのカシミヤニット
ユリ パーク　info@ yuripark.com
http://www.yuripark.com/

p.80　イソップのスキンケア
イソップ・ジャパン　tel.03-6427-2137
http://www.aesop.com

p.86　伊藤組紐店の組紐
伊藤組紐店　tel.075-221-1320
http://www.itokumihimoten.com/

p.88　ルイジ ボレッリのニットタイ
ルイジ ボレッリ　tel.03-6419-7330
http://www.luigiborrelli.jp/

p.90　ゲランのアンソレンス
ゲランお客様相談室　tel.0120-140-677
http://www.guerlain.com/jp/ja

p.100,120　小谷真三のデキャンタ、光原社の漆茶托
光原社　tel.019-622-2894
http://www8.ocn.ne.jp/~kogensya/index.htm

p.108　ロイヤル コペンハーゲンのブルーフルーテッド
ロイヤル コペンハーゲン 本店
tel.03-3211-2888
https://www.royalcopenhagen.jp

p.114　鍵善良房の菊寿糖
鍵善良房　tel.075-561-1818
http://www.kagizen.co.jp/

p.116　バカラのアルクール
バカラショップ　丸の内　tel.03-5223-8868
http://www.baccarat.com

p.118　リーデルのソムリエシリーズ
リーデル・ワイン・ブティック青山本店
tel.03-3404-4456
http://www.riedel.co.jp/

p.140　六寸の本種子鋏
牧瀬種子鋏製作所　tel.0997-22-0893

p.142　レデッカーのブラシ
アクセルジャパン　tel.03-3382-1760
http://axeljpn.com/

p.148　グローブ・トロッターのトラベルケース
グローブ・トロッター　tel.03-5464-5248
http://www.globetrotter1897.com/japan/

p.149　ゼロハリバートンのカメラケース
ゼロハリバートン　カスタマーサービス
tel.0120-729007
http://www.zerohalliburton.jp/

p.152　ジョージナカシマのラウンジアーム
桜ショップ銀座店　tel.03-3547-8118
http://www.sakurashop.co.jp/

p.156　エリザベスチェア
キタニジャパン　tel.0577-32-3546
http://www.kitani-g.co.jp/index02.html

p.164　満寿屋の名前入り一筆箋
満寿屋　tel.03-3876-2300
http://www.asakusa-masuya.co.jp/

p.166　平つかのぽち袋
平つか　tel.03-3571-1684
http://www.ginza-hiratsuka.co.jp/

p.170　デルタの万年筆
デルタ　tel.06-6262-0061
http://diamond.gr.jp/brand/delta/

p.180　アーツ&サイエンスの石けん
オーバー THE カウンター
BY アーツ&サイエンス　tel.03-3400-1009
www.arts-science.com

p.182　ガミラシークレットの石けん
シービックお客様相談室　tel.03-5414-0841
http://gamilasecret.jp/

p.186　シュタイフのぬいぐるみ
シュタイフ青山　tel.03-3404-1880
http://www.steiff.co.jp/

p.192　コシャーさんの箱
Found MUJI青山　tel.03-3407-4666
http://www.muji.net/foundmuji/

p.208　ジョー マローン ロンドンのバス オイル
ジョー マローン ロンドン　tel.03-5251-3541
www.jomalone.jp

松浦弥太郎

まつうらやたろう

『暮しの手帖』編集長、エッセイスト。「正直、親切、笑顔、今日もていねいに」を信条とし、暮らしや仕事における、たのしさや豊かさ、学びについての執筆、雑誌連載、ラジオ出演、講演会を行う。中目黒のセレクトブックストア「COW BOOKS」代表。NHKラジオ第一にて、毎週(木)「かれんスタイル」レギュラーパーソナリティ。おもな著書に『ほんとうの味方のつくりかた』(筑摩書房)、『もし僕がいま25歳なら、こんな50のやりたいことがある。』(講談社)、『即答力』(朝日新聞出版)、『100の基本』(マガジンハウス)、『今日もていねいに。』『あたらしいあたりまえ。』『あなたにありがとう。』『愛さなくてはいけない ふたつのこと』『しあわせを生む小さな種』(以上、PHPエディターズ・グループ)など多数がある。

伊藤まさこ　いとうまさこ

スタイリスト。文化服装学院でデザインと服作りを学ぶ。料理など暮らしまわりのスタイリストとして女性誌や料理本で活躍。なにげない日常に楽しみを見つけ出すセンスと、地に足のついたていねいな暮らしぶりが人気を集めている。2013年に6年間暮らした松本から横浜に拠点を移す。

おもな著書に『おくりものがたり』（集英社）、『ザ・まさこスタイル』（マガジンハウス）、『家事のニホヘト』（新潮社）、『京都てくてくちょっと大人のはんなり散歩』（文藝春秋）、『松本十二か月』（文化出版局）、『毎日ときどき　おべんとう』『まいにち、まいにち、』『ちびちび　ごくごくお酒のはなし』『伊藤まさこの台所道具』『伊藤まさこの食材えらび』（以上、PHPエディターズ・グループ）など多数がある。

男と女の上質図鑑

2014年9月5日　第1版第1刷発行

著　者　松浦弥太郎
　　　　伊藤まさこ
発行者　清水卓智
発行所　株式会社PHPエディターズ・グループ
〒102-0082　千代田区一番町16
電話03-3237-0651
http://www.peg.co.jp/
発売元　株式会社PHP研究所
東京本部　〒102-8331　千代田区一番町21
普及一部　電話03-3239-6233
京都本部　〒601-8411　京都市南区
西九条北ノ内町11
PHP INTERFACE　http://www.php.co.jp/
印刷所
製本所　凸版印刷株式会社

ISBN978-4-569-81923-5